A NATURAL HISTORY OF OUR PLANET'S BUTTERFLY LIFE

鳞翅目中的顶流

BUTTERFLIES
蝴 蝶

[英] 大卫 · G. 詹姆斯 [美] 大卫 · J. 洛曼 著

黄嘉龙 译

CNS K 湖南科学技术出版社 · 长沙

图书在版编目（CIP）数据

蝴蝶 / (英) 大卫・G. 詹姆斯, (美) 大卫・J. 洛曼著; 黄嘉龙译. -- 长沙: 湖南科学技术出版社, 2025.6. (普林斯顿大学生物图鉴). -- ISBN 978-7-5710-3526-6

Ⅰ. Q969.42-64

中国国家版本馆CIP 数据核字第2025XK6010 号

著作版权登记号：18-2025-088

HUDIE
蝴蝶

著　　者：[英] 大卫・G. 詹姆斯
　　　　　[美] 大卫・J. 洛曼
译　　者：黄嘉龙
出 版 人：潘晓山
总 策 划：陈沂欢
策划编辑：宫　超　乔　琦
责任编辑：李文瑶
特约编辑：张　悦
地图编辑：程　远　彭　聪
营销编辑：王思宇　魏慧捷
版权编辑：刘雅娟
责任美编：彭怡轩
图片编辑：贾亦真　张凯越
装帧设计：李　川
特约印制：焦文献
制　　版：北京美光设计制版有限公司
出版发行：湖南科学技术出版社
地　　址：长沙市开福区泊富国际金融中心 40 楼
网　　址：http://www.hustp.com
湖南科学技术出版社天猫旗舰店网址：
　　　　　http://hukjcbs.tmall.com
邮购联系：本社直销科 0731-84375808
印　　刷：北京华联印刷有限公司
版　　次：2025 年 6 月第 1 版
印　　次：2025 年 6 月第 1 次印刷
开　　本：710 mm × 1000 mm　1/16
印　　张：18
字　　数：286 千字
审 图 号：GS 京（2025）0514 号
书　　号：ISBN 978-7-5710-3526-6
定　　价：98.00 元

CONTENTS

目录

INTRODUCTION

引　言

蝴蝶生态

蝴蝶是鳞翅目昆虫中蛾类的一个亚群。鳞翅目的拉丁名 Lepidoptera 指的是有鳞片的翅膀，其中“lepido-”为鳞片之意，“-ptera”为翅之意，这是区分它们与其他昆虫的特征。鳞片赋予蝴蝶色彩，但它们只是松散地附着在翅膀表面上，并在蝴蝶的生命周期中逐渐磨损。每种蝴蝶的颜色都是演化的结果，这些颜色可以保护蝴蝶免受捕食者的威胁，并让相同种类的异性能够发现并确认彼此。

蝴蝶是昆虫界斑斓色彩的代言人，许多人着迷于它们的美丽。然而，它们的迷人之处不仅仅是外表的吸引力，在许多文化中，它们还象征着喜悦、转变、重生、坚韧和希望。例如，在希腊民间传说中，人类的灵魂经常被描绘成一只蝴蝶，这是希腊文字“psyche”（灵魂）的另一种含义。

然而，除了美丽与象征意义之外，我们还想知道蝴蝶是如何在当今世界上生存并发挥作用的，以及它们未来的命运如何。人们有时会问这样一个问题：“蝴蝶对人类有什么好处”以及“我为什么要关心它们”？对此，科学和生态上有许多合理的答案。首先，蝴蝶是大多数陆地生态系统的重要组成部分，也是食物链中的重要一环，它们的幼虫以植物为食，成虫替花朵授粉，同时也是许多脊椎动物和无脊椎动物的食物。蝴蝶还是敏感的生态指标：如果一个生态系统遭到破坏，蝴蝶是最先受害的群体之一，它们可以作为环境变化的预警。

这本书将带你走进蝴蝶的日常生活，进一步探索蝴蝶在生态和自然界中的重要性和功能。

鳞翅目昆虫学家

著名鳞翅目昆虫学家林肯·布劳尔（Lincoln Brower）曾这样总结蝴蝶的魅力：“蝴蝶是珍宝，就像伟大的艺术品。难道我

« 拟斑蛱蝶（*Limenitis arthemis*）

» 荨麻蛱蝶（*Aglais urticae*）取食荨麻，荨麻是一种备受诟病但在生态上极具重要性的植物

们不应该像欣赏毕加索的艺术品、莫扎特或披头士的音乐一样重视它们吗？”在维多利亚时代，鳞翅目昆虫学家使用网具捕捉蝴蝶，将其杀死然后钉在木板上制成标本收藏。很多关于蝴蝶多样性的宝贵信息都来自这种采集收藏，并且有些收藏在科学领域相当重要。不过，如今的蝴蝶采集者更倾向于带相机而非网具，他们收藏了成千上万的蝴蝶图像，而不是将蝴蝶制成标本。如今，我们不只是简单地将蝴蝶作为美丽的对象来收集，而是想要了解它们的生态，了解它们在大自然中如何发挥作用，以及它们如何融入生态系统。我们想知道蝴蝶在这个被人类塑造与破坏的世界中是如何生存的，我们要怎么做才能帮助它们。

世界上大约有 19,500 种已经被描述、记载的蝴蝶，但还有很多物种尚未被描述，每一种蝴蝶都有独特的生活方式和生存策略，尽管我们对一些物种有了一定的了解，但仍有很多物种等着我们去探究。这本书将会介绍一些广为人知的蝴蝶物种的生活方式，以及一些鲜为人知的蝴蝶故事。

教育与宣传

全世界的蝴蝶种群数量都在下降。并不是所有物种都面临困境，但很多物种确

<< 如今人们更多地用相机记录蝴蝶，而不是用网捕捉蝴蝶

>> 孩童时期，与大自然的联系可以培养小朋友对野生动物保护的兴趣

实在遭受威胁。蝴蝶数量减少的三个主要原因是栖息地的丧失、农药的使用以及气候变化。大多数人生活繁忙，所以并不了解蝴蝶正面临着怎样的困境。

“自然体验丧失”这个概念是由蝴蝶保护先驱罗伯特·迈克尔·派尔（Robert Michael Pyle）提出的，描述的是孩子与自然的互动机会的减少。这可能会对人类的健康和幸福产生负面影响，而且也已经被证明，人们会减少对生物多样性政策和项目的支持。虽然我们对蝴蝶的喜爱似乎是天生的，但许多人小时候与蝴蝶相处的经历在之后对它们的欣赏中发挥了重要作用。许多年长的读者在小时候都养过蝌蚪和毛毛虫，这往往会激发他们对自然的兴趣和终身的热爱。如今，体验过这些生命奇迹的孩子还会像以往那么多吗？

这就是让孩子接近大自然并回答他们的问题的重要性所在。这是老生常谈的话题，但未来是属于孩子的，他们将决定蝴蝶的未来。如果孩子发现了毛毛虫，可以鼓励他们喂养它，看着它蜕变。这段经历会让他们终生难忘，并让他们学会珍视比自己小的生命。

监管并非最佳途径

防止自然体验丧失很可能是我们为了保护蝴蝶所能做的为数不多的事情之一了。

过去，被列为濒危物种的蝴蝶都是稀有物种，它们的分布范围小，栖息地有限。如今，许多数量减少的蝴蝶以前都曾是分布广泛、适应多种栖息地的常见物种。代表性的君主斑蝶（*Danaus plexippus*）就是一个典型例子。

据估计，由于栖息地的丧失、农药的使用和气候变暖等综合原因，北美洲君主斑蝶的数量在过去 20 年下降了 80%—90%。这种蝴蝶的大量消失引起了广泛关注，政府也设立了许多项目来恢复和重建其赖以生存的有马利筋的栖息地。

重要的是，不要试图通过严格管控来保护蝴蝶种群，我们需要的是人们参与到这个过程中来，成为保护项目的支持力量。

这对于普遍城市化的国家中正经历数量减少、曾经常见且广泛分布的物种来说尤为重要。科学研究证明，小花园对保护蝴蝶等传粉昆虫也能发挥重要作用。因此，我们可以通过布置蝴蝶友好型花园，确保它们的后代能延续。希望我们的下一代能够通过接触自然、融入自然、体验自然，来珍惜那些支撑世界运转的微小生命。

探索蝴蝶的生活

本书将展示蝴蝶的日常生活，介绍它们的生活史、行为习性、栖息地和资源、种群、

›› 标志性的君主斑蝶是蝴蝶保护和传粉媒介保护的大使。其在北美洲的种群数量在21世纪急剧下降，引起了公众的广泛关注，人们为此制定了许多栖息地恢复计划

季节性和防御策略等方面。书中还将探讨目前影响蝴蝶的人为威胁，以及我们可以采取的保护措施。每一章都会围绕一个特定的主题，通过示例、功能框和插图深入探究。在这些讨论之后，还将介绍一些典型的蝴蝶物种，以体现物种生活史的特定方面。每个示例都提供了物种的名称和分类信息、主要特征、不同生命阶段的描述、习性和行为的信息，以及独特的生物学亮点。这些章节中还有这群华丽生物令人叹为观止的精美照片和分布地图。

“蝴蝶的生活史”一章介绍了不同的蝴蝶科，并描述了它们的特点，然后探索蝴蝶的生活，包括它们不同的生命阶段：卵、幼虫、蛹和成虫。“蝴蝶的行为”一章讨论了蝴蝶生活的日常活动，如飞行、觅食、栖息、领地行为、求偶、交配等。蝴蝶占据和利用的各种栖息地，以及气候和寄主植物的重要性，则在“栖息地与资源”和“蝴蝶的种群”章节中进行了讨论，并继续探索蝴蝶的多度、种群动态、扩散和迁徙。

“蝴蝶的季节性”一章关注的是这些昆虫如何克服周年性天气模式的挑战，而“防御与天敌”一章则研究了它们自我保护的方法和策略。最后一章“威胁与保护”则讨论了蝴蝶面临的诸多日益增加的威胁，以及我们可以采取的保护措施。正文后附有术语表以及相关参考资料，供读者进一步学习、探索。

‹‹ 小天使翠凤蝶（*Papilio palinurus*）这样的热带凤蝶是世界上较大、颜色较鲜艳的蝴蝶之一

›› 一只成蝶的生命起始于它从蛹中羽化出来的那一刻，它会在数小时内准备好第一次飞行。成蝶阶段可能会持续几天、几周甚至几个月

LIFE HISTORIES

蝴蝶的生活史

蝴蝶的科别

根据演化史，将蝴蝶分为 7 个科，每一个科的成员在形态、行为和生态特征上都有相似之处，包括身体结构、翅膀特征（脉相、纹路和颜色）、寄主植物和飞行方式。

喜蝶科（丝角蝶科）
像蛾的蝴蝶

约 36 种

无亚科
1 个属：
喜蝶属（丝角蝶属）

弄蝶科
籼弄蝶，花弄蝶，小弄蝶，趾弄蝶，伞弄蝶，竖翅弄蝶，红臀弄蝶

约 4200 种

13 个亚科
舟弄蝶亚科

姹弄蝶亚科

竖翅弄蝶亚科↓
（趾弄蝶，伞弄蝶，竖翅弄蝶）

链弄蝶亚科↓（小弄蝶）

珍弄蝶亚科

缰弄蝶亚科（缰弄蝶）

弄蝶亚科（籼弄蝶）

卡特弄蝶亚科

妆弄蝶亚科

裙弄蝶亚科

红臀弄蝶亚科（红臀弄蝶）

花弄蝶亚科（花弄蝶）

梯弄蝶亚科

凤蝶科
绢蝶，凤蝶（燕尾蝶）

约 600 种

3 个亚科
凤蝶亚科↓（凤蝶）

宝凤蝶亚科（单型亚科，宝凤蝶）

绢蝶亚科（绢蝶）

粉蝶科
菜粉蝶，端粉蝶，菲粉蝶（粉蝶）

约 1100 种

4 个亚科
黄粉蝶亚科↓（菲粉蝶）

粉蝶亚科↓（菜粉蝶）

袖粉蝶亚科（袖粉蝶）

蓝粉蝶亚科

蚬蝶科
蚬蝶

约 1500 种

3 个亚科
优蚬蝶亚科

古蚬蝶亚科↓

蚬蝶亚科

灰蝶科
线灰蝶，卡灰蝶，银灰蝶，云灰蝶，眼灰蝶

约 5500 种

7 个亚科
噩灰蝶亚科

银灰蝶亚科（银灰蝶）

灰蝶亚科↓（红灰蝶）

云灰蝶亚科（云灰蝶）

线灰蝶亚科↓（线灰蝶）

眼灰蝶亚科↓（眼灰蝶）

圆灰蝶亚科

蛱蝶科
银纹袖斑蝶，豹蛱蝶，线蛱蝶，红蛱蝶，麻蛱蝶，钩蛱蝶，眼蛱蝶，网蛱蝶，漆蛱蝶，眼蝶，矍眼蝶，螯蛱蝶，喙蝶，袖蝶，闪蛱蝶

约 6300 种

12 个亚科
闪蛱蝶亚科↓（闪蛱蝶）

螯蛱蝶亚科↓（螯蛱蝶）

苾蛱蝶亚科

绢蛱蝶亚科

丝蛱蝶亚科

斑蝶亚科（斑蝶）

袖蝶亚科（袖蝶）

喙蝶亚科（喙蝶）

线蛱蝶亚科↓（红蛱蝶）

蛱蝶亚科

秀蛱蝶亚科

眼蝶亚科（眼蝶）

弄蝶科（Hesperiidae）：弄蝶

弄蝶的翅膀一般较短且呈三角形，身体粗壮，头部较宽。弄蝶的棒状触角先端变尖向后呈钩状，而其他蝴蝶的触角先端膨大。许多温带弄蝶的体色较深，翅膀纹路简单，而一些热带弄蝶体形较大且色彩丰富。全世界有超过 4200 种弄蝶，其中中美洲和南美洲的弄蝶种类最多。它们的俗名来自其快速、飞掠的飞行方式。

弄蝶有 13 个亚科，大多数种类的幼虫以禾草、竹子、棕榈和莎草等植物为食。弄蝶因为体形小、飞行迅速，且翅上斑纹细微，因此很难通过翅膀辨识它们。体形较小的弄蝶在美国俗称为小弄蝶，例如黄灿弄蝶（*Oarisma garita*），以及与其非常相似的外来入侵物种，线豹弄蝶（*Thymelicus lineola*）。

相对于自身体长，弄蝶有一个长长的喙（或“舌头”），用于吮吸花蜜。像其他蝴蝶一样，许多弄蝶停栖时会将翅膀合拢在身体上方。但也有一些弄蝶会在休息时展开翅膀，或保持后翅水平展开而前翅向上直立且微微竖起张开。此外，有些雄性弄蝶的前翅上有明显的发香鳞，它们在求偶期间用这些鳞片释放信息素，用以吸引雌蝶交配。

<< 长尾弄蝶（*Urbanus proteus*）用它的长喙探索花朵寻找花蜜

>> 一只微红褐弄蝶（*Thorybes pylades*）正在晒太阳，并且露出其钩状的触角，这是弄蝶科的特征

凤蝶科（Papilionidae）：凤蝶

世界上一些体形最大也最壮观的蝴蝶就属于这个科，如生活在新几内亚的亚历山大鸟翼凤蝶（*Ornithoptera alexandrae*），翅展可达 30 厘米。全世界大约有 580 种凤蝶，其中热带地区的凤蝶种类最丰富。欧洲只有 12 种凤蝶，北美洲有 40 种凤蝶，包括淡色虎纹凤蝶（*Papilio eurymedon*）。

凤蝶是狂热的觅食者，它们喜欢大型花朵。一些凤蝶在觅食时会保持翅膀振动，以帮助支撑身体。它们也经常“泡在水坑里”——会成群聚集在一起，从潮湿的沙子中吸收矿物质和盐分。

凤蝶是强而有力的飞行者，可以飞得很远，包括能跨越短距离的开阔水域。有些凤蝶后翅延伸，或称“尾突”，这正是它们英文俗称（swallowtails）的由来。凤蝶的其中一个亚科，绢蝶亚科（Parnassiinae），大部分物种都生活在山区，它们没有尾突，翅呈半透明的白色，并且翅膀上有黑色和红色的斑点。

↖ 新几内亚的一只雄性亚历山大鸟翼凤蝶。该物种的雌蝶是世界上最大的蝴蝶，翅展可达30厘米

↖ 淡色虎纹凤蝶，北美洲40种凤蝶中的一种，它正在访花取食，图中显示出这个科成员的尾突特征

↗ 一只北美西部的贝氏云粉蝶，展示其腹面复杂的绿色图案

↘ 产于南亚的黑脉斑粉蝶（*Delias eucharis*）正在啜饮花蜜

粉蝶科（Pieridae）：菜粉蝶、袖粉蝶、菲粉蝶

粉蝶科分为四个亚科，约有 1100 种。大多数粉蝶是中小型种类，翅膀呈白色、黄色或橙色，通常有深色斑点。有些种类有性别特异性的紫外线翅纹图案，主要用于求偶，但人类肉眼无法看见这种翅纹。蝴蝶的英文，"butterfly"一词被认为来源于该科的一种欧洲成员——黄色的钩粉蝶（*Gonepteryx rhamni*），它以前被称为"黄油色的飞虫"（butter-colored fly）。

袖粉蝶亚科（Dismorphiinae）中大部分的袖粉蝶成员都是在新大陆热带地区被发现的，它们长得像有毒的绡蝶和袖蝶。比较不为人知的蓝粉蝶亚科（Pseudopontiinae）只在非洲有少数几种蓝粉蝶属（*Pseudopontia*）的物种，它们是蝴蝶中的例外，因为触角末端没有呈棒状膨大。菜粉蝶和黄粉蝶从海滨到山顶环境，在世界各地都有分布。端粉蝶属（*Euchloe*）物种多见于北半球，通常是最早出现的春季蝴蝶。贝氏云粉蝶（*Pontia beckerii*）是北美洲西部的另一种早春蝴蝶，其腹面有复杂的绿色图案，与翅背面大部分白色形成鲜明的对比。

大多数黄粉蝶幼虫以豆科（Fabaceae）植物为食，温带地区的菜粉蝶则偏爱十字花科（Brassicaceae）芥菜类植物。然而，许多热带物种（约占所有粉蝶物种的三分之一）以槲寄生属（*Viscum*）植物为食。槲寄生属植物是一种寄生植物，会将根扎埋于成熟的树木上。斑粉蝶属（*Delias*）是世界上蝴蝶种

⮝ 这只雄性百娆灰蝶（*Arhopala bazalus*）柔弱的后翅尾突向着反方向扭曲。这使得它们随着轻拂的微风上下交替移动。这些假“触角”可能会欺骗捕食者攻击错误的一端，让蝴蝶得以逃脱

类最多的属，亚洲和大洋洲地区有大约 250 种斑粉蝶物种。恶名昭著的大菜粉蝶（*Pieris brassicae*）和菜粉蝶（*Pieris rapae*）是著名的害虫，它们的幼虫以卷心菜和其他栽培的十字花科植物为食。

灰蝶科（Lycaenidae）：眼灰蝶、灰蝶、线灰蝶

灰蝶科是蝴蝶的第二大科，全世界大约有 5500 种，大多数灰蝶科物种都是小型蝴蝶（翅展小于 5 厘米）。这个科的成员通常被称为“眼灰蝶、灰蝶和线灰蝶”，这个极具多样性的类群也包括银灰蝶、霾灰蝶、云灰蝶等。因此，代表这个科最简单的名字就是灰蝶科。

灰蝶科的成蝶体形通常很小，它们占所有已知蝴蝶种类的 30% 左右。灰蝶亚科（Lycaeninae）的种类在北温带地区尤其占优势，眼灰蝶亚科（Polyommatinae）的种类在旧大陆热带和北温带地区最为丰富，而线灰蝶亚科（Theclinae）的成员在新大陆热带地区尤为丰富。

棕褐卡灰蝶（*Callophrys augustinus*）属于线灰蝶的一个亚群成员，此亚群被称为卡灰

<< 棕褐卡灰蝶是北美洲西部的一种春季蝴蝶。卡灰蝶是一类没有尾突的线灰蝶

>> 花蚬蝶在夏末发生，它是人们在北美洲北部发现的唯一一种蚬蝶

蝶亚群，这类灰蝶通常没有大多数线灰蝶后翅的小尾突。

线灰蝶成蝶和眼灰蝶成蝶的后翅上通常有像触角一样的尾突，休息时，它们的后翅会慢慢地四处移动来迷惑捕食者，使得捕食者很难确定哪一端是头部。

许多灰蝶的幼虫和蛹会通过某种方式与蚂蚁联系在一起。灰蝶幼虫受到蚂蚁的照顾，通过特殊腺体分泌具有营养的分泌物给蚂蚁，以换取蚂蚁的保护来对抗敌人。许多灰蝶幼虫有着不寻常的食性，它们会以地衣、苏铁、蚂蚁的幼虫或蚜虫及其他身体柔软的昆虫为食。

蚬蝶科（Riodinidae）：蚬蝶

在1500多种蚬蝶中，大多种类生活在热带地区。有一些蚬蝶生活在温带地区，比如花蚬蝶（*Apodemia mormo*），它们的栖息地从墨西哥向北一直延伸至加拿大。蚬蝶的栖息地多种多样，其中南美洲的热带雨林是它们的多样性中心。

蚬蝶是中小型蝴蝶，它们的翅膀短而结实，触角很长。大多数蚬蝶的翅膀上都有小的金属色斑点，这就是这群蝴蝶英文俗名“Metalmark”的由来。

许多蚬蝶颜色鲜艳，例如中美洲的舒来腊蚬蝶（*Lasaia sula*）和亚洲的泰勒暗蚬蝶（*Paralaxita telesia*）。神秘又带有炭黑色的粉

蚬蝶（*Styx infernalis*）一开始被归为蛾类，随后又被重新归类为粉蝶科、灰蝶科，目前的遗传证据已经确定，它早在人类出现之前就穿越白令海峡到达亚洲，是蚬蝶科中一个谱系的后代，在北美洲并没有留下后代。和灰蝶类似，有些蚬蝶的幼虫也与蚂蚁有关联，但它们用来喂养蚂蚁以及与蚂蚁交流的特化器官是不一样的。

蛱蝶科（Nymphalidae）：蛱蝶

蛱蝶科是蝴蝶当中最大的一个科，全世界有超过 6300 种蛱蝶科物种。蛱蝶科的蝴蝶形态复杂多样，它们多数是中型蝴蝶或大型蝴蝶，通常有引人注目的翅纹和颜色。许多蛱蝶是技术精湛的飞行者，它们大多数飞行速度快且难以捉摸，少数种类每年会跨越大陆迁徙。

和大多数蝴蝶一样，蛱蝶科的物种多样性在热带地区是最丰富的。许多热带物种都是鲜艳而且色彩缤纷的，例如新大陆的闪蝶、非洲的栎蛱蝶和亚洲的猫脸蛱蝶（*Agatasa calydonia*）。蛱蝶的翅膀形状变化很大，有的翅膀边缘不规则，有的则具尾状的突起。

蛱蝶只用后方四条足行走，第一对足不发达，且覆盖着像刷子一样的“毛”，专门用于感觉功能。蛱蝶的颜色复杂多样，有红色、棕色、黑色、黄色、银色、绿色和蓝色，

海伦闪蝶（*Morpho helenor*）是在南美洲热带雨林发现的一种色彩斑斓的蛱蝶

<< 五彩斑斓的猫脸蛱蝶，仅分布于东南亚部分地区原生态的热带雨林中

︾ 许多来自伯利兹的如飞蛾般的喜蝶属成员，它们的成蝶在夜间飞行，没有棒状触角，可以用翅膀上的听觉器官听到蝙蝠的声音

色彩斑斓。北美洲寿命最长的蝴蝶都是蛱蝶，许多种类都能以成蝶的状态度过冬天。

喜蝶科（Hedylidae）：类蛾蝴蝶

喜蝶科的蝴蝶在夜间飞行，它们不像其他科蝴蝶有典型膨大的触角先端。直到最近，它们才被归类为蝴蝶。遗传数据证实，喜蝶科蝴蝶确实是在夜间和黄昏活动的蝴蝶，与弄蝶关系最密切。成蝶翅膀上具有听觉器官，可以探测到蝙蝠的超声波。喜蝶科下面只有一个喜蝶属、30 多个物种，仅分布于中美洲和南美洲。其幼虫以不同的植物为食，如巴豆属（*Croton*）和可可属（*Theobroma*）的植物。

是蝴蝶还是飞蛾？

蝴蝶和飞蛾共同构成了被称为鳞翅目（Lepidoptera）的昆虫类群，意即“有鳞片的翅膀”（lepido- 有鳞片的意思；-ptera 有翅膀的意思）。

触角是关键

当你遇到一只鳞翅目昆虫时，能判断出它是蝴蝶还是飞蛾吗？不具备昆虫学基础知识的朋友可能无法很快得出准确的答案。但这往往又是人们在发现一只有着四片彩色翅膀的昆虫时最常提出的问题。如果这种昆虫色彩鲜艳并且在白天飞行，那么提问者通常会猜它是蝴蝶。然而，有些人发现，许多飞蛾也拥有鲜艳的颜色，并且同样在白天飞行。

因此，颜色和活动时间并不能区分蝴蝶和飞蛾。同样，会访花也不是一个可靠的鉴别依据，因为蝴蝶和飞蛾都是重要的日间传粉者。不过，大多数蝴蝶不会在夜间飞行。多数蝴蝶休息时会将翅膀合拢于身体上方，而大多数飞蛾休息时则会平展翅膀，但也有例外情况。

蝴蝶的最佳鉴别特征是它的触角。蝴蝶触角的末端几乎呈棒状。不过也有例外，如喜蝶，这在前文已经提到过。一些飞蛾中的物种，例如大类蝶蛾（蝶蛾科 Castniidae），也具有棒状触角，但这些种类较为罕见。大多数蛾类具有细长的丝状触角，一些体形较大的飞蛾则有复杂的羽状触角。

鳞翅目研究者既喜欢蝴蝶，也欣赏飞蛾。但实际上，大多数人可能更偏爱某个或某些类群。对于某些特别有趣的飞蛾物种，蝴蝶爱好者也会给予它们“名誉蝴蝶”的称号。

¥ 北美洲西部的山艾鹿大蚕蛾（*Hemileuca hera*）是一种迷人的日行性飞蛾，经常被误认为是蝴蝶

蝴蝶的解剖学结构一览

与所有昆虫的成虫一样，蝴蝶的身体由头部、胸部和腹部三部分组成。四片翅膀和六条足附着在胸部，腹部则包含生殖器官和消化道。

蝴蝶的解剖学结构

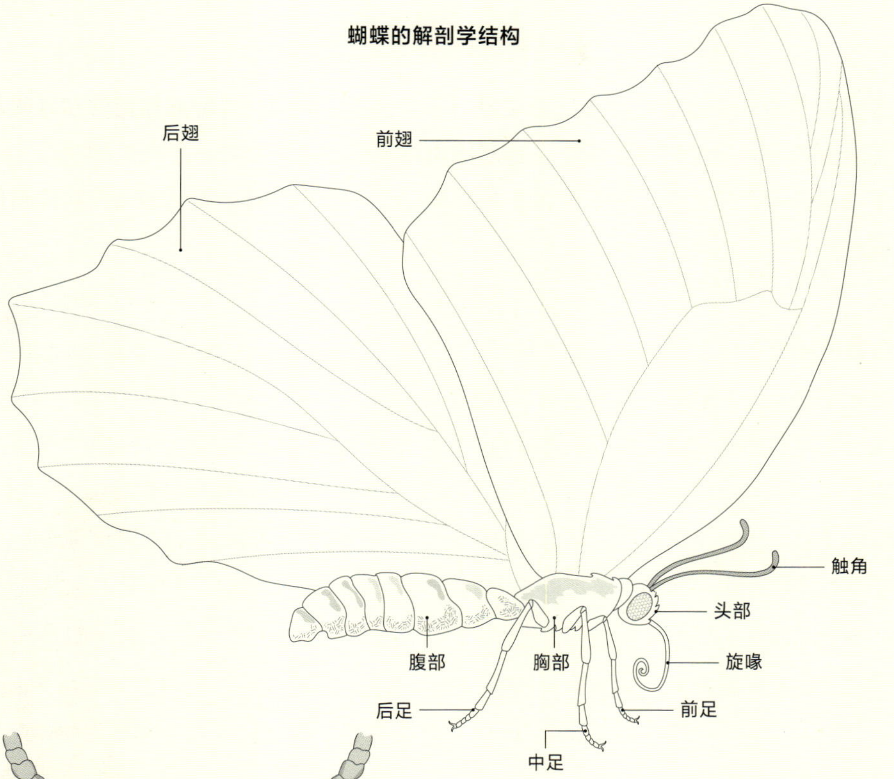

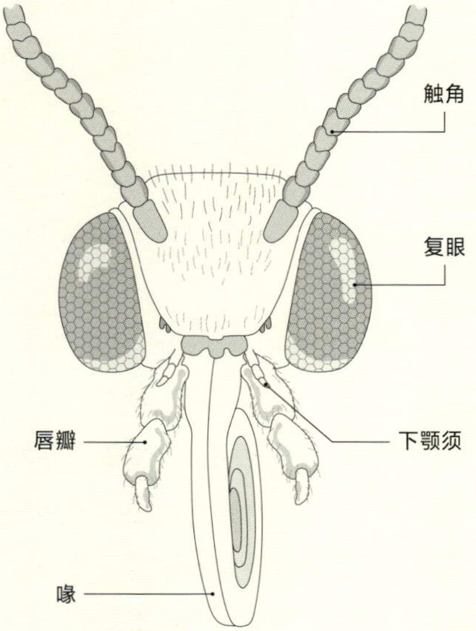

眼部和喙

蝴蝶的头部主要被复眼和喙占据。

卵与产卵

雌性蝴蝶一生中通常会产下几百颗至一千多颗卵，但只有少数雌蝶能够存活得足够久来产完全部的卵。这些卵也并不是全部都能发育至成虫。卵和幼虫的死亡率极高，这是由天敌（如捕食者、寄生生物和病原体）的威胁以及非生物因素（如恶劣天气和食物短缺）所造成的。

蝴蝶生命的开端

雌性蝴蝶有一对卵巢，每个卵巢中有四个卵巢管，卵在卵巢管中形成并成熟，然后沿着输卵管移动到产卵器，最终被产下。有些蝴蝶在从蛹羽化出来时就已经带有成熟的卵，一旦交配后便可将卵产下；有些则需要几天的摄食与温暖的环境使卵成熟。交配和产卵是雌蝶的重要使命。

千变万化的卵

蝴蝶的卵通常很小，但大小相差悬殊，从极小到相对较大的都有。例如，世界上的小型蝴蝶之一褐小灰蝶（*Brephidium exilis*）产下的卵为 0.2—0.4 毫米，世界上最大的蝴蝶鸟翼凤蝶属（*Ornithoptera*）物种的卵直径可达 4 毫米。然而，大多数蝴蝶卵的直径约为 1 毫米。大多数蝶卵的颜色为白色、绿色或淡蓝色，易与周围环境融为一体，但也有一些卵，特别是粉蝶科的物种（包括襟粉蝶和黄粉蝶），会在成熟过程中变为橙色或鲜红色。

蝴蝶卵有一层壳多糖外壳，非常脆弱，很容易被刺穿或损坏。它们对于许多小型昆虫捕食者和拟寄生物（最终会杀死宿主的寄生生物，见第 230—231 页）来说是极具吸引力的食物。蝴蝶通常会单独将卵产在叶片的下表面，这样可以避开阳光和许多捕食者的视线。优红蛱蝶（*Vanessa atalanta*）、菜粉蝶以及凤蝶属物种就是如此，而其他如麻蛱蝶属（*Aglais*）物种和佳灰蝶（*Jalmenus evagoras*）则会一次性产下大量的卵，有时数量可达数百颗。还有一些物种，例如线豹弄蝶，则介于两者之间，会产下一串或一小堆，多达十几颗卵。

蝴蝶卵的表面可能是光滑的，也可能有复杂的纹路，形状可能是扁平的，或是瓶状的。有些卵上有突起，大多数在某种程度上会有棱脊。由于蝴蝶卵纹路的多样性，许多物种可以通过卵的显微观察来鉴定。卵的形状通常指示了它所属的蝴蝶家族。粉蝶科的

蝴蝶的生殖器官

雄蝶和雌蝶的生殖系统占据了腹部的大部分空间。雄蝶的生殖系统以一对产生精子的精巢为基础，这对精巢通常被包裹在单一的囊中。雌蝶的生殖系统主要由卵巢管内未成熟和成熟的卵构成，这使得雌蝶的腹部明显比雄蝶更丰满。

雌蝶与雄蝶的生殖系统

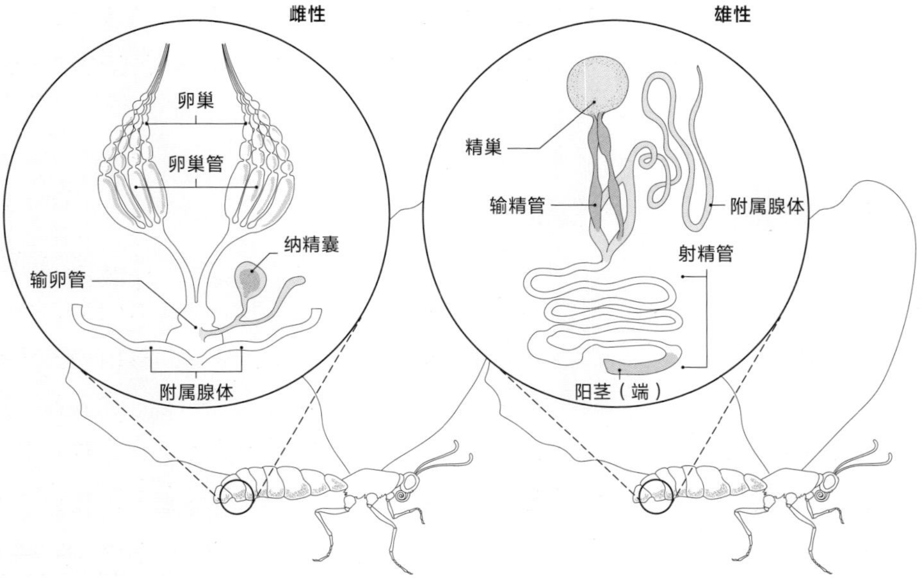

蝴蝶的生活史

一只雌性君主斑蝶一生中可以在马利筋上产下 800 多颗卵。孵化出的幼虫会经历五个龄期的生长发育，之后形成一个悬挂着的翠绿色蛹，这是它最终变成蝴蝶的地方。在夏季，君主斑蝶从卵发育到成蝶大约需要四周的时间。

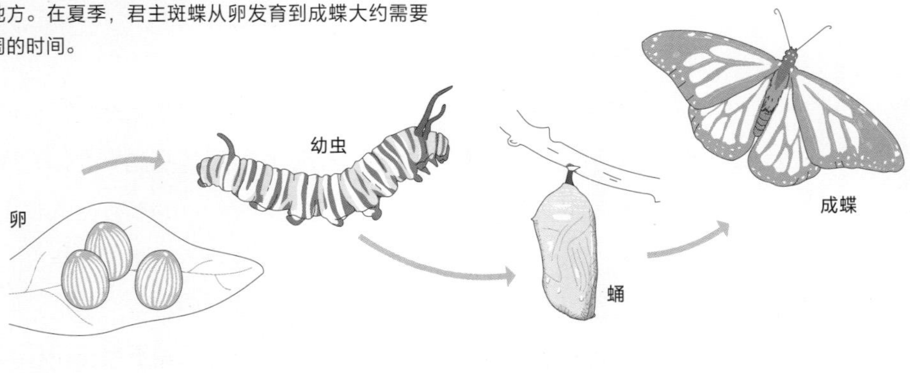

一只地中海蜘蛱蝶（*Araschnia levana*）
正准备在叶片的背面产卵

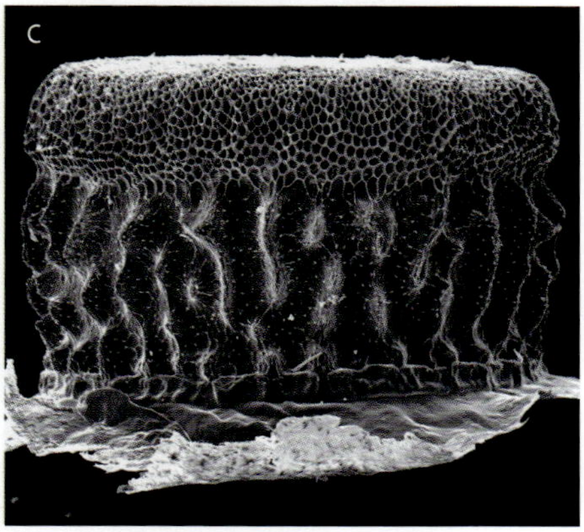

A）菜粉蝶和黄粉蝶的卵呈瓶状，刚产下时颜色浅，成熟后呈橙红色。B）珠弄蝶属（*Erynnis*）物种的卵有明显的棱脊，通常是鲜明的黄色、红色或橙色。C）拟蛾大灰蝶（*Liphyra brassolis*）的卵扁平呈纽扣状，表面有细小或粗糙的网状结构

卵一般是瓶状的，而灰蝶科成员的卵则像微型海胆或纽扣。这些纹路被认为有助于调节湿度，许多蝴蝶的卵容易因失水而干枯。卵的顶部有一个称为受精孔的开口，精子会在卵离开雌蝶腹部时通过这里进入卵中。

选择合适的产卵地点

雌蝶一旦交配并且携带成熟卵，就会开始寻找能够给幼虫提供食物的寄主植物。有些蝴蝶仅利用单一种寄主植物，有些则依赖某一科的植物，还有一些则可以利用多种寄主植物。例如，君主斑蝶的幼虫仅以马利筋（夹竹桃科 Apocynaceae）作为寄主植物，而小红蛱蝶（*Vanessa cardui*）的幼虫则可以取食多个不同科的植物。在美国俄勒冈州高地沙漠地区中的一小块区域内，稀有物种菲罗灰蝶（*Philotiella leona*）只有单一种寄主植物，那就是同样也很罕见的短切荞麦（*Eriogonum spergulinum*）。

雌蝶通过视觉和嗅觉来定位合适的寄主植物，并且经过仔细检查后才会降落，用它们的"足"来"侦测品尝"叶片表面。如果该植物是合适的并且状态良好，雌蝶将会在此产下一颗或一批卵。雌蝶很少对第一个测试的植物或植物部位满意，它们往往会造访多个植物，反复确认后才会弯曲腹部并产下卵。

雌蝶选择寄主植物对后代的未来至关重要。该植物必须能够提供足够数量和质量的食物，供给正在发育的幼虫食用。雌蝶经常

会拒绝看似合适的植物，这可能是因为它们检测到了该植物的某种化学或生理缺陷。有些蝴蝶，尤其是眼灰蝶和线灰蝶，会选择在植物中氮含量较高的部位产卵，例如花苞和花朵上。幼虫随后会以这些富含氮元素的植物部位为食，必要时它们也会取食叶片。

雌蝶选择寄主植物以及植株上的产卵位置是蝴蝶生命中的重要时刻之一。这个决定极大程度上影响了幼虫的存活率，因为它们只能依靠母亲的选择生存。幸运的是，雌蝶在漫长的演化过程中优化了它们的行为，它们会尽可能为后代做出最好的选择。

有些蝴蝶，如甜灰蝶（*Glaucopsyche lygdamus*）会在花苞或花朵上产卵，而其他种类包括一些蛱蝶科的眼蝶，则在飞过寄主植物时随意散落它们的卵。大多数蝴蝶会把卵产在寄主植物的叶子下表面，但有些蝴蝶，如二尾虎纹凤蝶（*Papilio multicaudata*，见第

↖ 黄缘蛱蝶的雌蝶会花费数小时，仔细地将其带有纹理的橙色卵排成一圈围在柳树的嫩枝上。它用这种方式可以产下多达200颗卵

⌃ 北美洲西部的娆粉蝶产下瓶状、蓝绿色的卵，卵粒以特定角度3到25颗为一列，排在针叶树寄主植物的针叶上

↗ 西部松卡灰蝶（*Callophrys eryphon*）的雌蝶将卵产在松树柔软的新枝梢上，这些卵也通常被产在树皮裂缝的深处

50—51 页），则会把卵产在叶片上方。还有一些蝴蝶，如某些豹蛱蝶会将卵黏附在地表杂物或树干上，这些位置在随后而来的季节会靠近寄主植物出现的地点。

如果不是专门搜寻，很难找到蝴蝶的卵。了解雌蝶通常产卵的位置，有助于寻找蝶卵，因此“只需”在植被中搜寻就能找到它们。然而，植被体量通常很大，而卵的数量很少，要找到它们仍然不是一件容易的事。想象一下，要在一片草地中寻找阿芬眼蝶（*Aphantopus hyperantus*）或莽眼蝶（*Maniola jurtina*）的卵是多么困难！对于像黄缘蛱蝶（*Nymphalis antiopa*，见第 194—195 页）这样的蝴蝶来说，卵的搜索工作要容易一些，它们会产下一大团卵块围绕在柳树的小枝上。

发育中的卵

蝴蝶的卵发育迅速，通常需要一星期左右，在温暖的条件下会更快，而在较冷的环境中则发育较慢。有时，卵会根据周围环境自我调控延迟发育，在极端的高温、寒冷或干旱等不利的环境条件下，卵会进入一种被称为滞育或休眠的状态。当条件变得适宜时，它们便会孵化。滞育状态下的蝶卵抵御逆境的能力令人惊叹，例如，娆粉蝶（*Neophasia menapia*）的卵像手榴弹形状一样沿着松针整齐排列，它们可以在美国西北部的严寒中存活好几个月，直到春季才孵化。

幼虫：进食的机器

幼蝶被称为幼虫或毛毛虫。卵一旦孵化为幼虫，就变成了名副其实的进食机器，它们从食物中获取能量，生成身体所需要的各种构建模块和主体结构，最终化为成蝶。

快速生长

蝴蝶幼虫的生活和成蝶一样复杂多变，甚至比成蝶有过之而无不及。当一条幼虫从小小的卵中孵化出来时，它便带着大量进食和努力生长的任务。在化蛹之前，幼虫的体重可能会增长超过一千倍，而且它们需要迅速完成这一过程。幼虫阶段持续的时间越长，它们就越容易暴露在寻找美味猎物的天敌面前。有些幼虫只需短短八天就能完成发育，而少数温带物种生活在只有短暂夏季的地区，它们则可能需要一年多的发育时间。

限制与危险

所有幼虫都有一层皮肤或者称为表皮，会随着生长而变得紧绷，因此需要更换成更大的尺寸。幼虫通过蜕皮来实现这一目的，一般它们会至少蜕皮四次，某些物种可能蜕皮多达十次。幼虫的体长通常在每次蜕皮之后翻倍，但大部分体积上的增长会发生在最后一个龄期，也就是最后一个幼虫阶段。幼虫在最后一次蜕皮时会变成蛹，或称为茧。

当一只成蝶从蛹中羽化出来时，代表它已经经受住了幼虫期天敌和不利环境条件的考验，这些考验通常会导致卵、幼虫和蛹的存活率低于 10%。幼虫的天敌包括鸟类、爬行动物、两栖动物、哺乳动物、其他昆虫以及病原体。幼虫对此进行了顽强的抵抗并且演化出许多防御策略，包括隐藏、逃避、威胁、恐吓手段、化学防御、聚集以及利用“保镖”等。这些策略可以保护一部分蝴蝶在幼生期存活下来，从而使物种得以延续。

<< 新生幼虫的第一餐往往是自己的卵壳。有些物种会吃掉整个卵壳，有些则只会吃部分，还有一些物种则完全不吃卵壳

>> 一只刚刚蜕皮的俄勒冈凤蝶（*Papilio bairdii*）幼虫。可以看到蜕下来的旧皮在幼虫的后面，它已经进入最后一个龄期

躲藏

躲藏或许是蝴蝶幼虫最常用的防御策略，这也是为什么它们往往难以被发现。一些幼虫会将自己藏在寄主植物内部，甚至钻入花苞和种子中。许多幼虫在夜间进食，白天则躲在寄主植物基部。还有一些幼虫会用丝将叶子缝成一个“帐篷”来隐藏自己。伪装或隐蔽对于白天觅食的幼虫而言是有效的策略，许多取食叶片的幼虫是绿色的，这有助于它们融入周围的叶片中；以花朵为食的幼虫可能会拥有红色、黄色或白色的纹路，以匹配它们取食的花朵颜色；取食禾草的幼虫体色通常呈绿色，并带有或深或浅的条纹，这让它们能有效地隐身于一整片草茎和叶片中。

当隐藏失败被捕食者发现时，幼虫可能会表现出攻击性，包括突然抽搐以吓退攻击者。当一大群幼虫一起采用这个战术时效果最为显著，就像一些蛱蝶，如凯丽蛱蝶（*Nymphalis californica*）所展示的一样。一些末龄幼虫会展示它们的大颚，仿佛要啃咬攻击。不过，这些攻击行为实际上只是虚张声势，并没有蝴蝶幼虫能真正伤害到捕食者。

↖ 一只大橡暗珠弄蝶（*Erynnis propertius*）幼虫正栖息在它用丝将叶片边缘拉下来所制成的庇护所中

« 三只常见的翠袖锯眼蝶（*Elymnias hypermnestra*）幼虫正停歇在它们的寄主植物棕榈叶片上

↗ 菜粉蝶是少数能够造成经济损失的蝴蝶物种之一，它们取食卷心菜和花椰菜等栽培型十字花科植物。图中的幼虫正在啃食西兰花的花序

不公正的负面报道

蝴蝶幼虫之所以会受到负面评价，主要是因为一些幼虫是农作物和园林植物的重要害虫。然而，这些害虫绝大多数是蛾类幼虫，非蝴蝶幼虫。最主要的蝴蝶害虫是菜粉蝶和大菜粉蝶，它们为十字花科蔬菜种植者熟知。在亚洲，黄星玳灰蝶（*Deudorix isocrates*）是栽培水果（如石榴和番石榴）的害虫。但即使是害虫，蝴蝶幼虫也很少会摧毁整片作物。大多数蝴蝶幼虫对观赏植物或农作物不会造成明显可见或经济上的损害，它们以当地物种为食，而不是外来作物或园林植物。

暴露在外

其他蝴蝶幼虫采取了一种与隐藏相反的策略，它们以鲜艳醒目的色彩公然地出现在捕食者面前，使得捕食者无法忽视它们。然而，这些颜色通常对比强烈，例如黑白相间或黑黄相间等，这是一种警告，就好像在说："如果你吃了我，你一定会后悔！"这些幼虫体内含有毒素（通常从寄主植物中获得），这些毒素会使捕食它们的脊椎动物生病甚至死亡。最著名的例子是君主斑蝶，它的幼虫具有黑色、黄色和白色的条纹，通过摄取马利筋的强心苷毒素来防御捕食者，主要是对抗鸟类。这一策略非常成功，以至于其他不含毒素的幼虫会模仿君主斑蝶幼虫的颜色，帮它们避开那些"曾经吃过亏"的捕食者从而得到保护。

聚集或群居是幼虫的另一种行为策略，这样可以降低个体被攻击的概率。幼龄期的幼虫通常会采取这种策略。群居的幼虫还可能结丝质的网、支撑物和平台，用来协助维系群体的紧密、阻止天敌侵扰。

互利共生的好处

一些蝴蝶幼虫，特别是眼灰蝶、线灰

蝶等灰蝶科物种的幼虫已经发展出一种防御策略，即“招募蚂蚁保镖”来抵御捕食者和寄生生物的威胁。蚂蚁可能是某些蝴蝶幼虫的重要捕食者，但对于灰蝶科物种的幼虫来说并非如此，因为它们有一种小型腺体，当受到刺激时会分泌出一种富含糖分且蚂蚁喜爱的“蜜露”。这是一个明显互利共生的例子，蚂蚁获得了营养丰富的食物供应，而幼虫则因为蚂蚁在其周围爬行而得到了保护，能有效防止寄生蜂、捕食性昆虫、蜘蛛及其他天敌的攻击。

« 短尾金凤蝶（*Papilio indra*）幼虫具有黑、白、黄相间的警戒色，这种引人注目的幼虫向外界宣告它们并不好吃，警告那些有经验的鸟类不要以它们为食

↖ 某些物种的早龄幼虫（如图中的凯丽蛱蝶幼虫）通过聚集在一起以降低个体被攻击的概率

⌃ 淡佳灰蝶（*Jalmenus eubulus*）及其近缘种的幼虫会通过不同腺体为虹臭蚁属（*Iridomyrmex*）物种提供必要的营养。作为回报，虹臭蚁在整个幼虫阶段会保护淡佳灰蝶幼虫不受捕食者和寄生生物的侵害

蛹：蜕变的熔炉

蛹，也称茧，是介于幼虫和成蝶之间的转变阶段。卵和蛹是蝴蝶生命周期中仅有的两个保持不动的阶段，不过有些蛹在受到干扰时会发生弯曲。

蛹的类型

蝶蛹一般以四种基本模式发育：在地面上形成一个稀疏松散的茧；藏在用叶片制成的庇护所（叶巢）内；通过蝶蛹的末端悬挂附着在丝垫上；通过支撑性的丝带直立附着。

弄蝶，例如线豹弄蝶（见第52—53页），通常在捆绑的叶片或禾草叶巢中形成蛹；而蛱蝶的蛹则是悬挂型的，如优红蛱蝶（见第54—55页）等；用丝带附着的蛹在凤蝶科、粉蝶科和灰蝶科的物种中较为常见；在地上形成松散或轻微包裹的茧里化蛹，这在蝴蝶中比较少见，而在飞蛾中很常见；绢蝶类物种包括北美洲的田鼠绢蝶（*Parnassius smintheus*，见第94—95页），会在地面上编织稀疏的茧中化蛹，部分蛱蝶科的物种也是如此。

蜕变

化蛹前的幼虫一旦选定了化蛹地点，就会稍微缩小，并且保持静止状态等待大约一天的时间来进行最终的蜕皮。

形成悬蛹的幼虫会呈现出一个标志性的“J”形。经过24至48小时后，幼虫的表皮会在头部后方裂开，露出下面形成的柔软蛹壳。随着身体不断扭动，幼虫的旧皮会沿着身体逐渐滑落，露出更多的柔软新蛹。当脱落的旧皮滑到最后一段体节时，蛹的末端（鳞翅目昆虫中也称为臀棘）会探出并寻找前蛹期幼虫所吐的丝垫。对于悬蛹来说，这

呈J形的前蛹期幼虫

化蛹之前典型的前蛹期幼虫。

是一个非常关键的阶段，如果蛹的末端未能接触到丝垫，那么这个柔软脆弱的蛹将会掉落并面临死亡。完成附着之后，蛹会继续扭动，这是为了让旧皮完全脱落。几分钟后，蛹停止移动并且逐渐变硬，转变成能够在成虫阶段之前保护自己的颜色。

蛹的类型

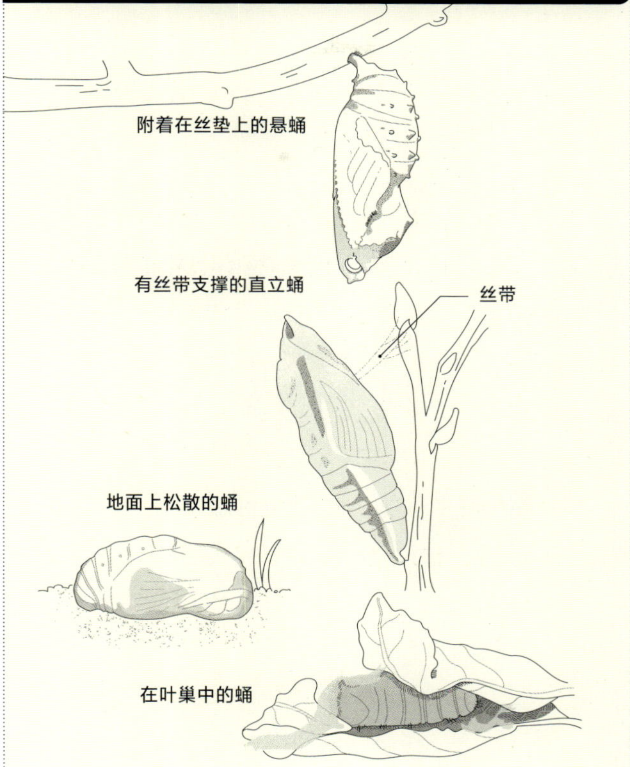

化蛹：从预蛹期幼虫到蛹

幼虫最后一次蜕皮并转变成蛹的过程称为化蛹。图中展示的是凤蝶幼虫在前蛹期、蜕皮中期以及刚形成蛹的阶段。

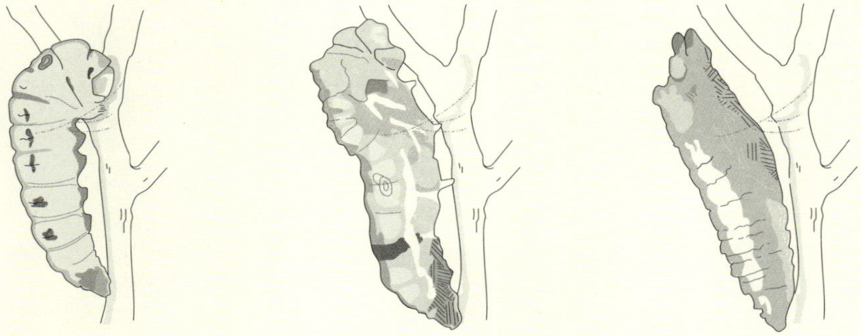

等待最后蜕皮的前蛹期幼虫。

蜕皮时表皮沿着幼虫身体向下移动。

幼虫的表皮完全蜕下，在变硬之前是柔软的蛹。

隐藏于视线之外

由于蛹无法移动而且不能自我防卫，它必须隐藏在一个避免捕食者和寄生生物侵扰的地方。对于大多数蝴蝶而言，蛹是生活史周期中最少被看见的阶段。完全发育的幼虫需要在变成蛹之前的最后一两天之内寻找一个适合化蛹的地点，此时大多数幼虫的颜色会变得暗淡，并且开始四处游荡寻找最佳化蛹位置。某些种类，如优红蛱蝶，会在寄主植物上化蛹。它们会用丝将叶片“绑”在一起制成一个“帐篷”来覆盖、隐藏蛹。对于游荡的幼虫来说，理想的化蛹地点可能是一丛灌木中的枝条、草地中的一根草茎，或者就在地面上。为了找到这样一个位置，它可能会从寄主植物向外移动最多100米的距离。此外，蛹的颜色和形状也具有隐蔽性。例如，襟粉蝶属（*Anthocharis*）物种的蛹的颜色与背景互相融合，并且形状像一根大刺。另一方面，受毒素保护的蝶蛹通常色彩鲜艳，以此向外宣称它们吃起来味道不佳。例如，紫斑蝶属（*Euploea*）物种的蛹看起来像熔化的金属。毫无疑问，仍然有一些蛹会成为鸟类和小型哺乳动物的猎物，寄生蜂也可以通过嗅觉定位找到它们。然而，对于大多数物种来说，如果幼虫能够成功化蛹并逃脱寄生生物的侵袭，那么它就很有可能发育成蝴蝶。

内部的魔法

蛹是蝴蝶生命中最具转变性的阶段，X射线体层摄影技术可以帮助我们观察蛹内部的一些发育过程。对于在春季或夏季发育的蛹，这个惊人的转变只需要一到两周的时间。对于其他种类的蝴蝶，包括襟粉蝶、凤蝶以及线灰蝶在内，它们常常以蛹的形态越冬，因此它们可以保持休眠状态数个月，在某些情况下甚至长达两到三年。

侧视图 – 第1天

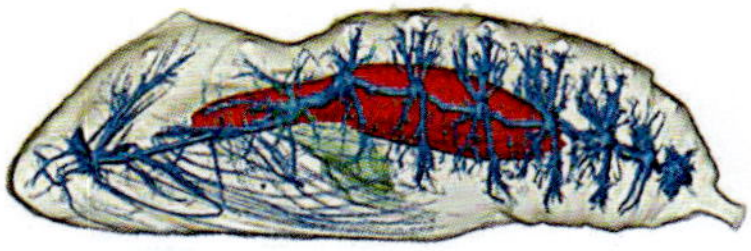

侧视图 – 第7天

侧视图 – 第13天

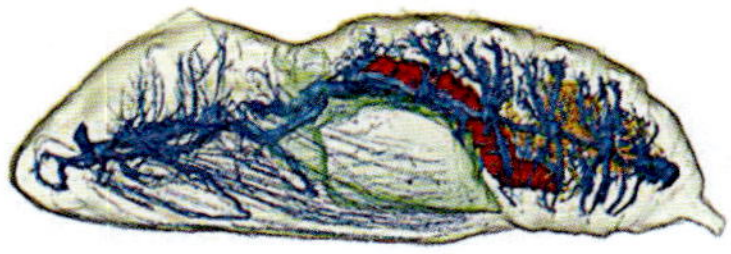

‹‹ 北美地区以禾草为食的蝴蝶幼虫，如大双眼蝶（*Cercyonis pegala*），它的蛹在一片草海中有着完美的伪装

›› 图为高分辨率X射线体层摄影显示的小红蛱蝶在蛹里13天内的发育情况。红色表示正在形成的消化道，蓝色表示气管（呼吸）系统。橙色显示的是马氏管，其功能与肾类似

<< 这是羽化前几个小时，我们可以透过这只沙土钩蛱蝶（*Polygonia satyrus*）的透明蛹壳看到其翅膀的颜色

蝴蝶的诞生

在成蝶羽化前的几天，蛹壳会变暗。在羽化的前一天，蛹壳会变得透明，显示出蝴蝶翅膀的图案和颜色。这时，离羽化仅剩几个小时。大多数成蝶会在日出后不久破蛹，以便成功羽化，破蛹后的翅膀会逐渐变得干燥，然后开始它的首次飞行。

羽化开始时，蝴蝶会用步足推蛹壳，一旦步足能自由活动，蝴蝶就会用它们抓住蛹壳，并将身体其余部分拉出来。刚羽化的蝴蝶会悬挂在蛹壳或附近的支撑物上，翅膀一开始小而皱缩，通过翅脉输送血淋巴（昆虫的血液）后，逐渐“充血”变大。这是蝴蝶非常脆弱的时期，它无法飞离躲避捕食者，而且翅膀很容易受损。如果一切顺利的话，翅膀会在15分钟内完全展开，但完全硬化可能需要数小时的时间，这取决于温度。拟蛾大灰蝶（见第90—91页）的幼虫在织叶蚁巢内化蛹和羽化，羽化后它们必须迅速离开以避免被吃掉。它们皱缩的翅膀在数小时内保持柔软，以便有足够的时间逃脱并找到一个安全的地方悬挂让翅膀硬化。

蜕变的隐喻

蛹可以说是自然界中最不可思议的“魔术”之一。从不会飞行、像蠕虫一样的饥饿幼虫，转变为色彩斑斓、能够飞翔的成蝶，这确实是自然界的一个奇迹，令人惊叹并引发思考。事实上，这种变态发育过程长期以来被人们视作蜕变的隐喻，特别是一些监狱引入了对蝴蝶的研究：通过饲养君主斑蝶，帮助囚犯看到在自己身上可以实现的转变。毫不起眼的蝶蛹到美丽的蝴蝶是蜕变的有力象征。

成蝶：战胜概率

在花园中飞舞的成蝶都是成功的典范，它们战胜了生存的巨大挑战。这些蝴蝶在整个幼生期避开了死亡威胁，是种群中为数不多的幸存者。

最适者与幸运儿得以生存

刚刚羽化成功的蝴蝶躲过了被捕食、寄生、疾病以及不利环境条件（包括过度炎热、干旱、寒冷、风暴和食物短缺等）导致的死亡。很少一部分蝴蝶卵能够存活下来成为成蝶：在大多数物种中，存活率不到 10%，而且通常情况下这个数字还要低得多。蝴蝶的生活史是一个适者生存的真实故事，或者也可以说是幸运儿生存的故事。

春天的使者

在经过温带地区冬季的阴沉与寒冷之后，没有什么比看到蝴蝶在一年中第一批盛开的花朵间飞舞更能振奋人心的了。通常，最早出现的蝴蝶是那些经过冬眠并在初春乍暖的日子中被唤醒的种类。许多人会惊讶地发现，蝴蝶的成体（亦称为成蝶）能够越冬，它们常常能抵御严寒，直到嗅到春天的第一缕气息才重新出现。在欧洲和北美洲，早春蝴蝶包括蛱蝶类，如麻蛱蝶属物种或优红蛱蝶。一段时间过后，大陆上真正的春季信使，襟粉蝶出现了，它们以蛹的形式度过冬季。

人们经常发现襟粉蝶在小径和树林间飘荡，寻找十字花科植物以获取花蜜或产卵。世界上许多地方最早出现的春蝶是稍微带有害虫性质的菜粉蝶，它们同样以蛹的形式越冬。不过，看到当年的第一只白色蝴蝶，相信即使是卷心菜农也会非常高兴！

⌃ 春天，欧洲和北美洲的优红蛱蝶是一道令人愉快的风光，它们或是越冬后出现，或是从更南方的地区迁徙而来

‹‹ 一只君主斑蝶正从蛹中羽化。此时，它的翅膀柔软且皱缩，这是蝴蝶生命中非常脆弱的时期。几个小时后，等它的翅膀变得坚硬并伸展开来，就说明它准备好初次飞行了

Anthocharis julia

茱莉亚襟粉蝶

春天的使者

科别	粉蝶科（Pieridae）
显著特征	前翅尖端橘色
翅展	25—38 毫米
栖息地	开放性栖息生境，尤其是小径、路边、草地、林间空地和峡谷

茱莉亚襟粉蝶在北美洲西部是真正的春天信使。分布于世界各地的襟粉蝶属其他种类也在早春时节活动。它们前翅尖端的橙色斑块非常容易辨识。

襟粉蝶的美丽既简单又引人注目，它们在漫长冬季后的早春出现并且深受人们喜爱。它们翅膀的腹面非常漂亮，有绿色的大理石纹理和黄色的翅脉。一年一个世代的襟粉蝶成蝶只发生两到三周的时间，其余大半年的时间以休眠蛹的状态度过。朱莉亚襟粉蝶是狂热的访花者，它们在春季开花的植物，如芥菜、琴颈草和天蓝绣球中找寻花蜜。

雌蝶一次只产一枚卵，通常每棵芥菜植株上只有一枚，除非植物稀少时才会出现一棵植株上有多枚卵的拥挤情况。茱莉亚襟粉蝶的卵细长，最初为白色，然后转成鲜明的橙红色，卵可能会被产在植株的任意部位。茱莉亚襟粉蝶幼虫有着高度隐秘性的绿色，它们优先取食花苞和花朵，然后才食用叶子和茎部。幼虫与芥菜的绿色调完美融合，有助于躲避捕食者，不过有些幼虫仍然会成为寄生蜂和疾病的牺牲品。

分散风险

在贫瘠干旱的环境中，有的茱莉亚襟粉蝶个体可能会通过延长蛹期来分散风险。当蝶蛹形成时，如果寄主植物仍然是绿色的，那么蛹也会是绿色的；但当寄主植物及其周边植物枯萎时，蛹就会变成褐色。虽然大多数蛹会在下一年春天羽化成蝶，但有些蛹会休眠两年甚至更久。这种情况被认为是为了分散蝴蝶在不利的生存和繁殖条件下孵化的风险，就像干旱的春季会导致寄主植物处于明显的干燥状态或数量有限。

›› 茱莉亚襟粉蝶是一种春季蝶类，其前翅尖端为橙色，与白色的后翅和黑色的身体形成了鲜明的对比

Sarota gyas

钩小尾蚬蝶

有着特殊食性的鲜艳蝴蝶

科别	蚬蝶科（Riodinidae）
显著特征	蓝色条纹具有金属光泽；腿和翅缘披覆着长毛状鳞片
翅展	10—10.5 毫米
栖息地	栖息在海边至海拔 800 米的雨林中

钩小尾蚬蝶及其近缘类群的翅膀都是大胆的橙色和黄色，并点缀着闪亮的蓝色条纹。它们幼虫的特殊习性非常引人注目。

与其他热带蚬蝶不同，钩小尾蚬蝶的幼虫不与蚂蚁共生。实际上，它们身上覆盖着被称为刚毛的长毛，这些刚毛被用来防御蚂蚁或其他捕食性昆虫。当蚂蚁接触这些刚毛时，它们会退缩并清洁自己的身体，试图清除附着自己身体上的微小倒钩状刚毛碎屑。成蝶通常在清晨活动，人们可以在溪流边和森林边缘的植物叶片上看到它们的身影。雄蝶会划定并保卫自己的领地，避免受到其他入侵雄蝶的侵扰，它们会与竞争者进行快速螺旋式飞舞的空中对决。只有成功的雄蝶才有机会与雌蝶交配，雌蝶则会沿路飞行，检视雄蝶和它们的领地。

取食苔类植物

钩小尾蚬蝶幼虫有一种不同寻常的取食习性。与大多数蝴蝶取食维管植物不同，它们以苔类细鳞苔科（Lejeuneaceae）植物为食。这些古老的植物与苔藓有关，它们是附着性植物，是生长在雨林树木叶片上的微小植物。如果要在新鲜嫩叶与长满附生植物的老叶之间做出选择，钩小尾蚬蝶幼虫会选择附生植物，而不碰新鲜的叶片。而成蝶则有着更典型的饮食习性：取食花蜜，通常是鼠石榴属（*Alibertia*）或巴豆属植物的花蜜。研究人员还观察到，它们会取食某些植物的花外蜜腺，花外蜜腺是位于植物叶片上的小型产蜜腺体，这些腺体产生的花蜜常常被那些保护植物免受害虫侵害的蚂蚁所食用。

›› 钩小尾蚬蝶雄蝶的翅膀饰有毛状鳞片，当它在叶片下方休息时，这些鳞片闪闪发光

Papilio multicaudata

二尾虎纹凤蝶

成功适应郊野的蝴蝶

科别	凤蝶科（Papilionidae）
显著特征	大型蝶类，具有黄黑相间的“虎斑”条纹
翅展	130 毫米
栖息地	峡谷、花园、公园、灌木丛和水道

二尾虎纹凤蝶是北美洲常见的大型蝴蝶之一。实际上，它是北美洲西部最大的蝴蝶，翅展可达 130 毫米，从海平面到山区均有分布，在多种类型的栖息地中都能找到它。

二尾虎纹凤蝶体形大且具有醒目的黄黑条纹，即使是对蝴蝶不太关注的人也会注意到它，这种蝴蝶在城市公园和花园中十分常见。一个世代的二尾虎纹凤蝶成蝶的活跃时间为四月底到八月，有时候会在夏末出现部分第二代。

二尾虎纹凤蝶的雄蝶寻找雌蝶时会大范围地巡逻，比如在峡谷和溪床这样的廊道上下穿梭。雌蝶大部分时间都待在靠近寄主植物的地方或者访花。二尾虎纹凤蝶利用李属（*Prunus*）、梣属（*Fraxinus*）植物以及山茱萸作为寄主植物，其中许多种类是园艺观赏植物，这也是二尾虎纹凤蝶在城市和郊区能够成功适应且数量丰富的原因之一。雌雄二尾虎纹凤蝶都会造访各种观赏性植物和当地花卉，雄蝶通常还会与其他凤蝶混栖在一起，并且有趋泥行为以获取水分和矿物质。

交配后的雌蝶会在树间飞行，非常挑剔地寻找合适的产卵地点，然后在叶子上表面产下一颗绿色的圆形卵。接着，它会飞到另一棵植物上（通常距离较远），寻找下一个产卵地点。二尾虎纹凤蝶经常在空中飞行，这也是它们容易被注意到的另一个原因。

熟悉的幼虫

二尾虎纹凤蝶的幼虫体形大且呈绿色，头部附近有假眼斑。当受到威胁时，幼虫会通过伸展身体来放大这些眼斑。受威胁的幼虫会从头部后方翻出一个有异味的 Y 形肉质器官，称之为臭腺，用来驱赶威胁者。饱食后的幼虫会变成深褐色，并四处游荡寻找化蛹地点，这时往往会吸引孩子们的注意。蛹会在墙壁或树干等垂直物体的表面上形成，并跟背景融为一体。成蝶将会在下一年的春天羽化。

›› 二尾虎纹凤蝶的翅展能达到130毫米，有着像老虎斑纹的黄黑色条纹，在飞过北美洲西部城镇的郊区花园时非常容易吸引人们的注意

Thymelicus lineola

线豹弄蝶

成功的“殖民者”

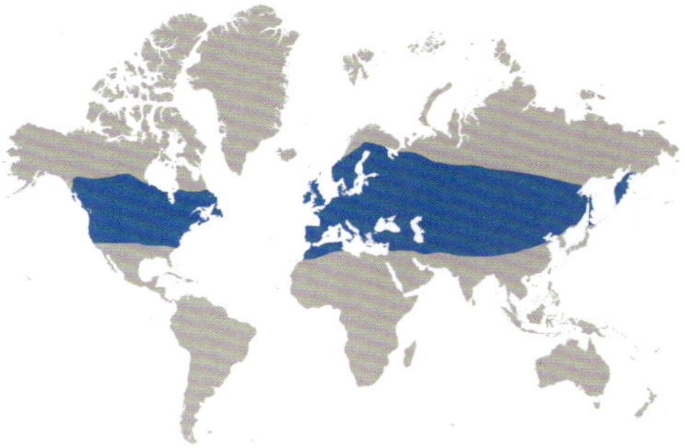

科别	弄蝶科（Hesperiidae）
显著特征	体形小，飞行迅速，不起眼的弄蝶
翅展	20—25 毫米
栖息地	干草地、草地、牧场和荒地

线豹弄蝶在英国也被称为埃塞克斯弄蝶（Essex Skipper），是目前在北美洲广泛分布的两种外来种蝴蝶之一，另一种是菜粉蝶。线豹弄蝶是一种小体形、飞行迅速的蝴蝶，常见于草地环境中。

雌蝶产下的卵呈淡黄色，形状独特类似药丸，并且成串地产在禾草上。它们在不同种类的禾草上产卵，不过它们更偏爱高大的禾草；在欧洲，鸭茅（*Dactylis glomerata*）是它们的首选。不同于其他弄蝶的卵，线豹弄蝶的卵能够越冬并在春季孵化。有趣的是，透过越冬卵的壳可以看到休眠中的胚胎期幼虫。线豹弄蝶幼虫是绿色的，并且会在它们的寄主植物上制造虫巢。它们会将单片禾草叶片拉成一个管状结构，然后用整齐的丝线交叉结固定在一起。幼虫白天藏在这些管状结构中，夜间才出来觅食。化蛹过程也在这些管状结构内完成。

成功的“殖民者”

本种在 1910 年被引入加拿大安大略省，如今在美国东部和太平洋西北部的一些地区都很常见。有时线豹弄蝶的数量过于庞大，甚至超过了其他蝴蝶的总数，且目前仍在北美洲扩展它的分布范围。讽刺的是，它在英国的数量却在减少。该物种广泛分布于欧洲、亚洲和北非，在农田中很常见，偶尔会对梯牧草（*Phleum pratense*）造成虫害影响。随着黄昏到来，线豹弄蝶会移至高草丛中的阳光照射区域，有时会有上百只线豹弄蝶成群栖息，多个个体共享一个草穗的现象。

线豹弄蝶是非常成功的殖民者。它们的传播得益于它取食分布广泛且常见的禾草类寄主植物，以及强流动性。在美国，线豹弄蝶的种群每年可以拓展推进多达 30 千米。这种蝴蝶种群扩散的另一种方式，是越冬的休眠卵会随着被晒干的干草被长途运输至各地。

幼虫巢穴

线豹弄蝶的幼虫使用口器分泌的丝将草叶捆绑起来做成巢穴。

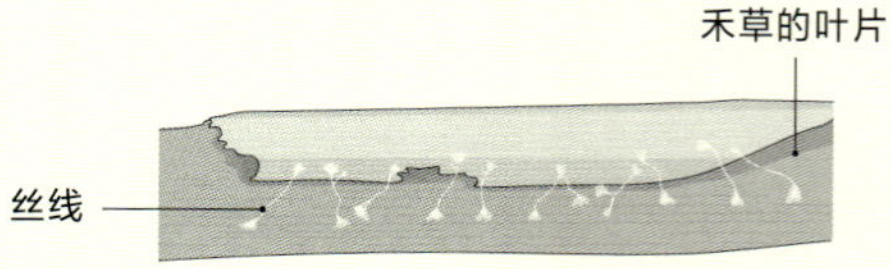

线豹弄蝶是一种从欧洲传入北美洲的蝴蝶，现在在美国北部和加拿大南部的草地和牧场中都能看到它们的身影

Vanessa atalanta

优红蛱蝶

极强的生命力

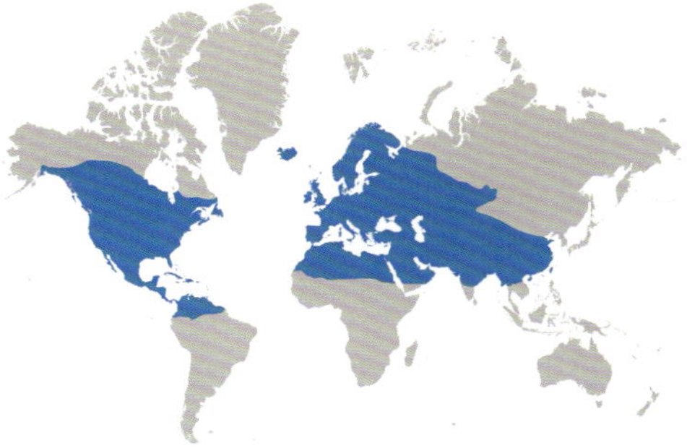

科别	蛱蝶科（Nymphalidae）
显著特征	炭黑色带有鲜红色条带
翅展	50—65 毫米
栖息地	开放性的栖息地，包括公园、花园、草原、林地和山区

在英文中，优红蛱蝶（Red Admiral）也被称红线蛱蝶（Red Admirable），前者可能是更贴切的名字，因为红线蛱蝶是线蛱蝶属（*Limenitis*）物种，而优红蛱蝶是红蛱蝶属（*Vanessa*）物种。这种充满魅力且引人注目的蝴蝶确实值得欣赏。

优红蛱蝶幼虫在寄主植物异株荨麻（*Urtica dioica*）上建造悬垂的叶片帐篷，并在里面过着孤独隐蔽的生活。它们可以在这个庇护所内外的任何时间、任何地点觅食。优红蛱蝶幼虫很少离开寄主植物化蛹，前蛹期的幼虫有时会制作一个叶伞来遮蔽蛹。在英国，优红蛱蝶也会以啤酒花（*Humulus lupulus*）为寄主植物，不过这在美国西部并不常见，那里的啤酒花往往容易被忽略。雌蝶会单独在荨麻叶子的下表面产下具有棱纹的绿色卵。幼虫大约需要三周时间发育并化蛹。

好斗且有领地意识

优红蛱蝶翅膀的底色为炭黑色并带有纯红色、猩红色或橙色带纹，这样的花纹格外引人注目。它的生命力非常顽强，成蝶可以存活数周，甚至数月，并能够以成蝶的状态越冬或向南迁徙。

优红蛱蝶分布广泛，在亚洲、北美洲和欧洲的多种栖息地都可以发现它们的身影，包括花园、公园、森林、草地、果园和山地。它的飞行能力很强而且喜欢花朵，尤其喜爱庭园中的醉鱼草属（*Buddleja*）植物。

优红蛱蝶雄蝶好斗且具有领地意识，傍晚时刻它们会停栖在山顶、灌木丛或地面上，在这些地方拦截领地入侵者。成蝶会造访多种类型的花朵，并且雌蝶和雄蝶都喜欢取食腐烂的果实、树液、粪便和腐肉。秋季以落果为食是很常见的现象，这有助于它们过冬或为迁徙提供能量。优红蛱蝶在春季通常会向北迁徙，到了秋季则向南迁徙，不过在英国和北美洲西北部一些地区，特别是在温和的冬季，它们也有成功越冬的记录。

优红蛱蝶翅膀具有对比鲜明的炭黑色底色和猩红橙色纹路。“Alderman”是这种蝴蝶在英语中的另一个传统名称，指的是过去市政议员（aldermen）所穿的红黑相间的衣服

BUTTERFLY BEHAVIOR
蝴蝶的行为

飞行

蝴蝶的飞行能力是一件奇妙而令人惊叹的事情，科学家对此仍有许多需要研究学习的地方。蝴蝶从蛹中羽化，只需要花费几个小时等翅膀变干后就能飞行。与鸟类不同，蝴蝶的亲代并不会教它们这项技能，它们能够飞行完全依靠本能。

可以调节体温的翅膀

作为变温动物（亦称为冷血动物），蝴蝶只有在温度高于某个阈值时才能飞行，这个阈值通常为14℃。蝴蝶翅膀上的神经细胞能够感知光和热，它们利用阳光来调节体温，这也是蝴蝶会晒太阳的原因之一。在温带地区，蝴蝶通过晒太阳来提高它们的体温；而在热带地区，由于温度过高，蝴蝶的翅膀可以通过散热来降温。过热的蝴蝶也会寻找阴凉处休息。

温带地区的蝴蝶通过晒太阳的方式在环境温度较低的情况下显著提高体温。所以，只要阳光充足，即使在阴凉的地方蝴蝶也可以飞行。某些种类的蝴蝶还可以通过颤抖产生内部热量，从而更快地升温。

温带地区的蝴蝶还演化出了其他升温的方法，包括拥有深色、多毛的身体等。深色有助于吸收热量，而毛则能将热量锁住。由于蝴蝶翅膀具有较大的表面积，因此可以相对较快地升温，并通过体液中血淋巴的循环将热量输送至全身。

‹‹ 一只银珠锯粉蝶（*Prioneris philonome*）在印度尼西亚的苏门答腊岛上展翅飞翔

↗ 一只边缘白粉蝶（*Pieris marginalis*）在羽化后不久晾干翅膀，为首次飞行做好准备

›› 蓝铜帘灰蝶（*Tharsalea heteronea*）深色多毛的身体将阳光带来的热量“锁住”，从而使身体更加温暖

蝴蝶会用不同的方式晒太阳。背晒浴蝶类，如某些蛱蝶科的物种，包括麻蛱蝶属的孔雀蛱蝶（*Aglais io*）和环蛱蝶属（*Neptis*）的物种，它们通常会在平坦的温暖小径上展开翅膀晒太阳，这样可以在翅膀和身体下方形成一层暖空气。侧晒浴蝶类，如许多眼蝶和斑粉蝶，则是合拢翅膀晒太阳，但它们会稍微倾斜身体让翅膀的腹面暴露在阳光下。反射浴蝶类，如某些粉蝶科斑粉蝶属的物种，会将翅膀保持在一个角度，让太阳的热量反射到身体上。

盛夏时节，蝴蝶可能会遇到相反的问题：过热。一旦遮阴处的温度超过 30℃，多数蝴蝶就会寻找阴凉处，并且合拢翅膀停止飞行。

强壮的翅膀

与无翅昆虫相比，能够飞行是蝴蝶的一大优势。它们能够瞬间起飞，摆脱危险或寻找花蜜。大多数人认为蝴蝶的翅膀非常脆弱，但实际上它们比我们想象得要更坚韧，它们必须具备这样坚韧的翅膀才能承受数百千米的飞行旅程带来的生理压力。如今，科学家借助高速摄像机能更好地了解蝴蝶飞行的物理学原理。

蝴蝶的翅膀看起来很坚硬，实际上它们相当灵活。在飞行过程中，蝴蝶通过扇动

↖ 安娜红蛱蝶（*Vanessa annabella*）是一种背晒浴蝶类，喜欢在裸露且温暖的地面上张开翅膀晒太阳，吸收阳光和地面的热量

↑ 蓝绿卡灰蝶（*Callophrys dumetorum*）是一种侧晒浴蝶类，它通过翅膀腹面吸收热量

↗ 大多数的眼灰蝶属于反射浴蝶类，它们将阳光和热量引向全身

和扭转翅膀来产生升力、推力和出色的机动性。虽然所有蝴蝶都有相同的翅膀基本结构，并且飞行的物理学原理是普遍一致的，但不同科别的蝴蝶展示了不同且令人惊讶的飞行模式。

具有小型翅膀的弄蝶有着快速、短促、急起急停的飞行方式；而具有大翅膀的蛱蝶和凤蝶可以通过拍打宽大的翅膀迅速飞行并滑翔。像阿芬眼蝶和荞眼蝶这类眼蝶，其飞行方式是一种抽动式的波浪飞行，通常贴近地面且常常在高草丛中飞行。有些蝴蝶以滑翔作为主要飞行方式。环蛱蝶会张开翅膀在植被上方滑翔，很少一直闭合拍打翅膀。另一方面，许多眼蝶亚科的蝴蝶，包括瞿眼蝶属（*Ypthima*）的物种，在飞行的时候翅膀大多都合拢在头部上方。

成蝶的觅食习性

飞行、寻找配偶和繁殖后代都是高能耗的活动，因此蝴蝶必须进食。刚羽化的蝴蝶确实携带了一些从幼虫阶段储存下来的营养物质，但这些营养通常在一两天内就会消耗殆尽。

简单的饮食

蝴蝶的营养需求很简单，主要是糖（可能还有一些氨基酸）、水和盐。花朵能满足这些需求，几乎所有的蝴蝶都能从不同的开花植物中获取所需的营养。

花蜜是花朵蜜腺分泌的一种富含糖分的液体。蝴蝶用它们的喙（就像一个中空的管子）探入花朵的蜜腺并吸取花蜜。过去，人们认为喙的功能像一根吸管，可以吸取花蜜，但最近的研究表明，喙的作用更像一块海绵，用来吸收花蜜这种液体。

令人陶醉的蜜露

蝴蝶以花蜜为食，它们所需的大部分糖都来自花朵。不过，有些物种发现了替代性糖源，如树液和蜜露，蜜露是蚜科（Aphididae）及粉蚧科（Pseudococcidae）等物种分泌的甜汁。铧灰蝶属（*Allotinus*）和云灰蝶属（*Miletus*）的幼虫会吃蚜虫，它们的成虫不访花，而是吸取蚜虫的蜜露，这些蚜虫是它们在幼虫时期取食的对象。在美国西部，凯丽蛱蝶在夏末时常常出现在不开花的针叶树上，用它们的喙探查树枝和针叶，寻找生活在那里的蚜虫所分泌的蜜露。秋天，其他蛱蝶（如优红蛱蝶）以落到地上的过熟果实为食。这些过熟果实中的糖已经发酵产生乙醇，以它们为食的蝴蝶可能会变得醉醺醺的。“醉酒”的蝴蝶失去了警惕性，当有人接近或危险来临时也不会飞走。

« 蝴蝶的喙像一根卷曲的中空管子，蝴蝶用它吸取花蜜和其他营养物质。喙像海绵一样吸收液体，而不是像吸管

↗ 一只云灰蝶属的雄蝶展开了其异常短的喙，取食由臭蚁属（*Dolichoderus*）蚂蚁照顾的吸汁昆虫所分泌的蜜露

脂肪带来能量与长寿

大多数蝴蝶直接利用访花所获得的糖分来维持生命和功能（如飞行和促进生殖器官的发育）。在夏末和初秋，有些物种，如北美洲的君主斑蝶，会将花蜜中的糖转化为脂质，然后利用这些脂质提供的能量进行飞越数百、数千千米的著名大迁徙，一直到达美国加利福尼亚州和墨西哥的越冬地点。君主斑蝶也会储存脂质以便在休眠状态下越冬。其他在栖息地中以成蝶的形式越冬的蝴蝶，如黄缘蛱蝶和钩蛱蝶属（*Polygonia*）物种，也会将糖转化成脂质以帮助它们生存。

趋泥“派对”

有时候我们可以看到蝴蝶聚集在潮湿的土壤或沙子上，它们似乎在非常专注地进食，以至于你可以近距离观察它们。无论何时何地，只要天气炎热干燥，这种聚集现象就特别常见。有这种趋泥行为的蝴蝶通常是凤蝶、菜粉蝶、眼灰蝶和蛱蝶。

除了获取水分外，趋泥的蝴蝶还会从中吸收飞行和代谢所需的盐分。花朵中的盐分很少，而蝴蝶在幼虫阶段也不会积累盐分。有趣的是，几乎所有趋泥聚集的蝴蝶都是雄性，这可能与它们需要在交配时向雌性提供盐分和其他矿物质作为求偶礼物有关。携带额外钠元素的雄性对雌性来说更具吸引力，因为这些矿物质可以增加后代存活的机会。

⌃ 在文莱，一群趋泥的蝴蝶。白锯粉蝶（*Prioneris cornelia*）、黄粉蝶属（*Eurema*）物种和黄裙园粉蝶（*Cepora iudith*）在文莱淡布伦国家公园雨林中的一个潮湿区域吸取矿物质

›› 达摩凤蝶（*Papilio demoleus*）拥有长腿和长喙，这使得它们能够取食不同种类的花朵

花朵偏好

不同的蝴蝶对花朵有不同的偏好。有些蝴蝶明显偏爱特定颜色的花朵，但还有一些偏好是缘于花的构造和蝴蝶喙的长度。喙相对较短的蝴蝶只能从形状相对扁平、花朵已经打开且蜜腺较浅的花朵中获取花蜜，比如菊类。而喙较长的蝴蝶则可以从管状花朵中吸取花蜜，这些花朵的蜜腺埋得更深，例如醉鱼草属和蓟类植物。

‹‹ 在尼泊尔，一群完善绢粉蝶（*Aporia agathon*）正在取食粪便

其他矿质来源

鳞翅目昆虫学家很早就通过野外实践发现，被尿液浸润的沙子或土壤对口渴的蝴蝶具有很强的吸引力。尿液是钠的良好来源，野外的尿液作为蝴蝶诱饵甚至可以从一些线上商业渠道获得。

蝴蝶有时会饮用另一种盐分来源——人类的汗液。有些蝴蝶会飞到出汗的人身上，然后用喙探索含盐分的皮肤。夏季远足时穿过的汗湿衣物、靴子和帽子都会吸引正在寻找盐分的蝴蝶。

有些蝴蝶会在奇怪的地方找到盐分。鳄鱼的眼泪可能不代表真诚，但它们却是某些热带蝴蝶的良好盐分来源，乌龟的眼泪也是如此。蝴蝶会利用的另一种奇异钠源是血液，一些观察者报告称，在印度，被水蛭吸血后沾有新鲜血液的衣物会吸引弄蝶和灰蝶前来觅食。

盐和其他矿物质还可以从另一种令人稍感不适的来源中获取：动物粪便。在热带、亚热带以及大多数温带地区的炎热夏季，成群的蝴蝶聚集在动物粪便上觅食是很常见的景象。另一个类似的矿物质来源是腐肉。即使是溅在汽车前端的昆虫尸体也会吸引蝴蝶前来觅食。

口味刁钻的蝴蝶

有些蝴蝶专门吃难吃食物，其中最知名的是紫闪蛱蝶（*Apatura iris*，见第 86—87 页）。几十年前，紫闪蛱蝶在英国很少见，但现在其数量正在逐渐增加。每年夏天，蝴蝶爱好者都会用他们自己制作的各种恶臭混合配方，例如令人作呕的腐鱼、发臭的奶酪或脏尿布等物品，来引诱紫闪蛱蝶落到地面，希望能拍到美丽的照片。

休息与栖息

与其他动物一样，蝴蝶也需要休息，尤其是在夜间。大多数蛾类是夜行性的，有些飞蛾也能在白天飞行，但蝴蝶在夜间飞行的情况实在罕见。特例的情况通常出现在迁徙的蝴蝶中，例如在高海拔飞行的小红蛱蝶，如果环境足够温暖，它们可能会在夜间继续飞行或滑翔。

‹‹ 傍晚，一只正在休息的南美洲绡蝶

➚ 一只波氏蓝灰蝶（*Icaricia icarioides*）以头朝下的姿势休息，这是许多属于灰蝶科眼灰蝶典型的停栖姿势

夜晚是用来休息的

在夜间，蝴蝶会停栖休息。从日落前一小时到几分钟不等，它们会寻找夜间栖息的地方。可能会在灌木丛或树上，或者在草秆顶端附近，甚至一朵花上，不同种类的蝴蝶有不同的栖息位置偏好。许多蝴蝶的栖息偏好尚待研究，同一种蝴蝶可能会选择不同的栖息地点。优红蛱蝶曾被观察到选择松树的树枝并在针叶间过夜。

选择花朵或草丛作为栖息地的蝴蝶，通常是灰蝶科的眼灰蝶。它们十分引人注目，因为有时会成群结队地栖息，头朝下停在草秆上时的情景着实令人惊叹。有些种类的蝴蝶会在日落前最后一个小时左右，在停栖地展开翅膀晒太阳，这时候是拍照的好时机。清晨，它们也会这样做，不过这时它们会改变位置以“捕捉”新一天的第一缕阳光。许多种类的蝴蝶要到上午 9 点或 10 点左右才会完全活跃起来，这取决于温度和季节。

如果白天是阴天且气温较低，蝴蝶就会留在夜间栖息的地方，直到温度升高或太阳出来。同样地，如果一个晴朗的日子变得凉爽多云，蝴蝶也会找到适合休息的地方。

寻找安全的越冬栖息地

那些以成虫状态越冬的蝴蝶需要找到并选择一个既能抵抗恶劣天气又能避免冬季天敌的地方。这些饥饿的天敌在冬季会寻找任意一种富含脂肪和蛋白质的食物，而越冬的蝴蝶体内就储存了大量脂肪，这些脂肪是在秋季积累的，用来帮助它们在停止觅食的情况下度过冬天。以成虫状态越冬的蝴蝶大多数为蛱蝶类，这些蝴蝶的后翅腹面通常是黑色的，这使得它们在冬季栖息地能够与深色背景融为一体。

欧洲的麻蛱蝶和孔雀蛱蝶经常将棚屋或马厩等开放建筑中的某个地方作为越冬栖息地。有时，可以在一个建筑结构中发现许多蝴蝶栖息在一起。北美洲的黄缘蛱蝶和钩蛱蝶则会选择树洞或空心原木作为越冬栖息地。加拿大的白矩朱蛱蝶（*Nymphalis l-album*）有时会在人类为冬季储存的木材堆中栖息。

壮观的君主斑蝶越冬栖息地

最壮观的越冬栖息地当数君主斑蝶的越冬栖息地。这些蝴蝶在墨西哥中部一小块区域的栖息地内数量惊人，在自然纪录片、书籍和电影中都有大量记录。北美洲东部数百万只君主斑蝶中的大多数都在这些高海拔的小区域内栖息、越冬。研究人员通过计算越冬蝴蝶所占据的面积可以估算出君主斑蝶的种群数量，这些蝴蝶完全覆盖了每一棵冷杉上的每一寸空间，使得树枝因承载太多蝴蝶而下垂。

成百上千只君主斑蝶的越冬栖息地也出现在美国加利福尼亚州沿海的许多地方，这些栖息地的规模较小但依然壮观，其中一些地点还成为受欢迎的旅游景点。在澳大利亚新南威尔士州的悉尼地区，过冬的君主斑蝶年复一年地“装饰”着桉属（*Eucalyptus*）和白千层属（*Melaleuca*）树木。

« 黄缘蛱蝶翅膀的暗色面使其在树洞或棚屋越冬时能融入黑暗环境

» 君主斑蝶以成百上千只的数量聚集在美国加利福尼亚州海岸沿线的越冬地点

寻找配偶

寻找配偶是雄蝶生命中最重要的任务。不同种类的蝴蝶以及同一科不同物种的蝴蝶在寻找配偶的方式上存在很大差异。大致来说，雄蝶寻找配偶主要有两种策略：“巡逻式”策略和“守株待兔型”策略。

巡逻式策略

雄蝶通常会沿着一条确定的线性路线（如溪流或小径）不停地巡逻，主动积极地寻找配偶。例如，襟粉蝶、凤蝶和菜粉蝶经常在林缘、沟渠边、篱笆旁和小路上巡逻。这些地方可能是雌蝶觅食、产卵或羽化的高概率区域。有些蝴蝶（如大型蛱蝶）的巡逻路线较长；而其他蝴蝶（如小型灰蝶）的巡逻路线则较短。

采用巡逻式策略寻找配偶的蝴蝶有君主斑蝶、菜粉蝶、黄粉蝶以及一些凤蝶。巡逻的雄蝶通常比同种雌蝶拥有更大的眼睛，雄蝶一旦在巡逻中发现一只疑似雌蝶的蝴蝶，就会靠近仔细“检查”它身上是否散发出正确的信息素。

我们经常可以看到雄蝶在巡逻中追逐颜色相似或体形相近的其他物种，有时甚至会追逐蜻蜓或小型鸟类。巡逻中的雄蝶有时会遇到彼此，这时它们可能会发生短暂的争斗，之后会继续各自的巡逻。由于持续的飞行活动，巡逻中的雄蝶非常显眼。因此，我们在小路上或庭院中看到上下飞舞的蝴蝶很可能都是雄蝶。雌蝶的时间更多地用来休息、晒太阳和进食，因此不如雄蝶那么显眼。巡逻中的雄蝶会短暂地停下来吸食花蜜，但很快又会继续巡逻，它们不像雌蝶那样在一个花丛中停留很长时间来进食。

守株待兔型策略

采取守株待兔型策略寻找配偶的雄蝶通常具有很强的领地意识，并且会保护自己的栖息地不让其竞争对手和其他飞行昆虫靠近。这类蝴蝶可能不像巡逻型蝴蝶那么显眼，守株待兔型的雄蝶通常会在特定区域建立自己的领地，比如阳光充足的树枝上或溪流中的岩石上。

›› 当巡逻中的雄蝶找到雌蝶时，例如凤蝶类，它们会追逐雌蝶。如果雄蝶体能良好且雌蝶愿意接受它，那么经过短暂的追逐后，它们就会交配

在美国西部，朱巴弄蝶（*Hesperia juba*）的雄蝶经常以干涸河床中的岩石或石块为栖息地，它会对一定范围内的任何入侵者进行攻击。最佳位置的岩石非常抢手，同一只雄蝶会日复一日地使用同一块岩石。雄蝶与入侵者的争斗频繁，它会飞到空中高处争斗，结束后再返回原本守株待兔的位置。

守株待兔的雄蝶总是选择阳光下的位置栖息，并通过调整姿势和翅膀的角度来调节体温。这样做可能是为了能够成功追逐遇到的雌蝶。

会捍卫自己停栖地的蝴蝶是否就具备领地意识？这很大程度上是语义问题，但停栖地的雄蝶确实会捍卫自己交配的场所。因此，它们其实是在捍卫一种资源，这可以被视为领地行为的一种。雄蝶驱逐入侵者的行为更多地属于一种侦察行为，而非攻击行为。如果入侵者是另一只雄蝶或不同物种，守卫者将它们驱逐后会返回原来的位置；但如果是同物种的雌蝶，守卫雄蝶则会追逐它，并且通常会离开停栖地。

守在停栖地的雄蝶在短暂而活跃的生命中可能会受伤。例如，云灰蝶的雄蝶更喜欢生活在热带森林里阳光斑驳的叶片上，随着太阳的移动，它会转移到新的被阳光照射的叶片上，并且每天都会回到同样的位置。其他雄性竞争对手可能会通过螺旋飞行来挑战最佳位置的所有权。

有未交配的雌蝶可能会故意飞进雄蝶守护的领地，以便能够进行交配。同样，已经

⌃ 一只中泰尖粉蝶（*Appias olferna*）栖息在一片叶子上

‹‹ 一只雄性黑条拟斑蛱蝶（*Limenitis archippus*）停栖在灌木丛顶端，准备飞出去拦截经过的蝴蝶和其他大型昆虫，希望能从中找到一只雌蝶

交配过的雌蝶也可能刻意避开这些领地。非必要的交配会耽误宝贵的产卵时间，因此许多雌蝶会避免多次交配。有些蝴蝶结合了两种寻找配偶的策略，有时采用守株待兔的方式，有时则会巡逻。例如帕眼蝶（*Pararge aegeria*）会根据地点或天气选择使用至少一种策略来寻找配偶。美国西部的落叶拟斑蛱蝶（*Basilarchia lorquini*）会在某个栖息地停留几分钟，然后沿着小径飞走，再转身飞回同一个栖息地。在这期间，它可能会遇到一只雌蝶，或者在停栖时迅速扑向某只路过的雌蝶。

求偶场

某些蝴蝶的雄蝶会采用另一种策略，它们与其他雄蝶聚集在特定景观的周围，向来访的雌蝶展示自己。这种行为被称为求偶场行为，我们在其他动物中也能观察到这种行为。蝴蝶的求偶场可能在一些不起眼的地方，例如草丛或特定的树木，但对蝴蝶来说，这些地方是与异性邂逅的特殊场所。

在欧洲，潘非珍眼蝶（*Coenonympha pamphilus*）的雄蝶会在草地上聚集，选择那些比周围草地稍微温暖且附近有地标（如树木或灌木）的地方。雌性潘非珍眼蝶会寻找这些求偶场，并且在上方明显地飞过，在这过程中很快就能吸引到一个伴侣。

攻顶求偶

另一种求偶场策略，被许多不同科的雄性蝴蝶所采用，那就是找到一个区域内的最高点。在山地型栖息地中，求偶场一般是最高且最显眼的岩石顶峰；在海拔较低的地区，最高点可能是一个平缓的高地或一堆人为堆积的碎石堆或杂物堆。这种行为通常被称为“攻顶求偶”。通常，多个不同物种看中同一个攻顶求偶点，因此这里可能会出现非常繁忙且色彩斑斓的景象——许多蝴蝶在一小块高地上盘旋飞舞。

凤蝶、菜粉蝶、弄蝶和蛱蝶的雄蝶经常攻顶求偶。大多数情况下，雄蝶每天会在岩石山脊上最明显的位置花两三个小时守卫较大的栖息地。它们会迅速驱逐入侵者，包括进行螺旋式上升飞行，并且同一只雄蝶通常会日复一日地返回同一地点进行防御。当一只未交配的雌蝶进入该区域时，雄蝶会立即与其交配，通常不需要任何求偶仪式或长时间追逐。

⌃ 潘非珍眼蝶的雌蝶为了吸引雄蝶的注意，会在雄性群体上方明显地飞舞

<< 克里顿眼灰蝶（*Lysandra coridon*）的雄蝶会在求偶场中围绕雌蝶盘旋，进行求偶展示，最终会有一只雄蝶成为雌蝶的伴侣

蝴蝶的繁殖

求偶和交配是蝴蝶羽化后的首要任务。与其他物种一样，将自己的基因传递给下一代是它们来到地球的目的。蝴蝶的生命非常短暂，除非繁殖能推迟到下一个季节，否则必须在短时间内完成。

寻找伴侣

雄蝶通常比雌蝶更早羽化，以确保在雌蝶出现时它们已经活跃并开始寻找配偶。有时，雄蝶甚至会在雌蝶的蛹附近等待其羽化。例如，佳灰蝶（*Jalmenus evagoras*，见第242—243页）的雌蝶一旦开始羽化，雄蝶的争斗就开始了，通常体形最大的雄蝶会赢得与雌蝶交配的权利。大多数雌蝶在成虫期的头一两天内就会完成交配。

⌃ 一只雄性居堇蛱蝶（*Euphydryas colon*）试图吸引一只体形较大的雌蝶进行交配

« 一对正在交配的阔斑豹蛱蝶（*Argynnis coronis*）。科罗尼斯豹蛱蝶的雄蝶比雌蝶早几天羽化，大多数雌蝶在羽化后的24小时内就会交配

当雄蝶和雌蝶相遇时，双方都需要确认彼此是否是同一物种，并且需要确认是否健康强壮，能够产生最佳数量的后代。蝴蝶通过气味、体形和外观来确认伴侣是否合适。此外，雄蝶还需要耐力来执行并完成大运动量的求偶飞行。只要雄蝶符合所有标准，雌蝶在成蝶期的最初几天通常都愿意与其交配。

许多雄蝶会使用信息素吸引雌蝶。不同蝴蝶使用不同的化合物或信息素混合物。许多蝴蝶的求偶过程很短，但有些则非常复杂并且有长时间的空中追逐。雄蝶可以通过不同的方式释放信息素，包括经由翅膀上的特化鳞片、可外翻的“毛撮”（雄蝶尾端及胸部的一对毛束）或腹部的信息素腺体。

繁殖策略

蝴蝶的交配过程可能需要几小时甚至一整晚，因此，它们通常会找一个安静的地方进行交配。雄蝶会将精包传递给雌蝶，精包是一个含有精子和营养物质的封闭“小包裹”。产生精包会消耗雄蝶大量的资源，其中包含的营养物质有糖、盐类和氨基酸等，这些物质可以最大化助益于卵的产量。

对某些物种的研究表明，即使精包的传递只需要十分钟，但雄蝶在交配过程中可能会“逗留”更长时间。这种悠闲的交配策略可能会减少雌蝶后续进一步再次交配的时间。如果交配受到干扰，那么这对情侣可以由其中一方携带另一方飞行，被携带的一方翅膀紧闭、身体放松悬垂。

在蛱蝶中，雌蝶是飞行的一方；而在凤蝶和菜粉蝶中，雄蝶是飞行的一方。不愿意交配的雌蝶通常会试图躲避雄蝶，而粉蝶科的一些雌蝶会表现出拒绝的姿态。在这种情况下，雌蝶会将腹部垂直抬起，使雄蝶无法接触到其生殖器。当被雄蝶追逐时，有些雌蝶会向上飞，然后再像石头一样落下，这一动作常常能让雄蝶失去追踪目标。

︽ 有些蝴蝶在交配时可能会故意延长时间，即使精包的传递能很快完成。人们认为，雄蝶会这样做是为了降低雌蝶与其他雄蝶交配的概率

君主斑蝶的交配

少数几种蝴蝶，如君主斑蝶，依靠蛮力捕获配偶。君主斑蝶雄蝶会在空中狂热地追逐雌蝶，试图用带刺的步足在空中直接抓住雌蝶，然后一起成对落到地面。之后，它会强行与被制服的雌蝶交配。雄性君主斑蝶求偶的决心如此强烈，以至于它们有时甚至会在空中误抓另一只雄蝶，将其带到地面并试图与其交配。君主斑蝶雄蝶偶尔还会攻击并试图与其他种类的雌蝶交配，并且在这个过程中对其他蝴蝶造成伤害。著名的博物学家米里亚姆·罗思柴尔德曾戏称雄性君主斑蝶是“自然界中典型的大男子主义者”的最佳例证。

毫不奇怪，雌性君主斑蝶一生中大部分的时间都在尽量避免与雄蝶接触。为此，它们选择在一天中较早或较晚的时候访花，因为这个时间雄蝶通常在休息。此外，雌蝶通过在寄主植物和其他灌木丛中紧贴地面飞行，以此来避开雄蝶的注意。为了达到生命周期内的最佳繁殖力，一只雌性君主斑蝶仅需交配一到两次。而过多的交配活动会减少产卵时间，从而降低可产卵的总量。相比之下，雄性君主斑蝶几乎每隔一两天就可以交配一次。

交配过的雌蝶总是会采取一些措施防止多次交配，有行为上的方式，有的采取化学方法，有时是物理性策略。在许多案例中，雄蝶也会协助雌蝶，因为这能确保它们的精包不被其他雄蝶的精包取代，自己能成为子代的父亲，这对它们来说最有利。例如，大约 1% 的蝴蝶（主要是凤蝶和蛱蝶）的雄蝶会在交配后分泌一种被称为贞操带或交尾栓的物质，用来阻止其他雄蝶与该雌蝶交配，从而保证其父权。菜粉蝶的雄蝶交配时会将抑性欲素与精包一同传递给雌蝶。抑性欲素可以降低雌蝶对其他雄蝶的吸引力，但有时候这种信息素还会产生副作用，即吸引小型寄生蜂在雌蝶产卵时进行寄生。

一只雌性田鼠绢蝶展示着由雄蝶分泌放置的白色交尾栓，交尾栓能确保雄蝶使雌蝶的卵受精成功

蝴蝶如何交配

蝴蝶通过对接腹部末端来进行交配，如图中这对黄条袖蝶（*Heliconius charithonia*）所示，雄蝶拥有一对抱握器，用来抓住雌蝶。随后，雄蝶会向雌蝶传递精包，其中包含精子。雌蝶将精包储存在一个叫作交配囊的储存器官中。之后，精子会移动到另一个称为纳精囊的器官内。当卵子通过输卵管向下移动时，纳精囊中的精子才会与卵子相遇，完成受精。

蝴蝶的移动性

像人类一样，不同种类的蝴蝶的移动倾向也有所不同。有些种类会停留在同一个地点；有些则是巡游者，它们在短暂的生命中四处迁徙；有的种类还会进行长距离迁徙。

红帘灰蝶（*Tharsalea rubidus*）占据的领地很小，并且在有限的栖息地中度过它们的一生

北美麻蛱蝶（*Aglais milberti*）在北美洲分布广泛，它们会在广阔的栖息地中寻找花蜜和寄主植物资源

“宅家”的蝴蝶

有些蝴蝶在它们的一生中可能只会从羽化的地方飞出几米远。这样的物种属于栖息地专一性种类，仅在特定的地点生活，并且食用特定的寄主植物，而这种植物可能只出现在那个特定的栖息地中。因此，这些物种非常容易受栖息地变化的影响，并且重建新种群的能力也会比较差，当附近没有容易到达的新栖息地的时候，这类专一性物种就很容易灭绝。许多眼灰蝶、灰蝶和线灰蝶都是栖息地专一性种类，这很可能是因为它们需要与特定的蚂蚁共生，以及需要生长在同一个栖息地中的寄主植物。

实际上，具有独特栖息地的蝴蝶通常依赖于栖息地的镶嵌式区块分布，各个区块之间的联系有限，但能够在其间活动很重要。

巡游的蝴蝶

巡游的蝴蝶会自由且广泛地飞来飞去，它们一生的飞行轨迹可达数十千米。这些蝴蝶在栖息地中通常是广食性物种。只要能获得花蜜，许多蝴蝶无论在野外的草甸、花园，

还是公园中，都能找到家的感觉。巡游蝴蝶喜爱的寄主植物通常在各地都很常见。典型的代表有蛱蝶类的麻蛱蝶和赭蛱蝶，它们的幼虫以分布广泛的荨麻为食；还有凤蝶，如达摩凤蝶，其幼虫以柑橘的叶子为食。巡游的蝴蝶往往是强大的飞行者，这不仅有助于它们种群的扩散，也有利于避开可能遭遇的捕食者。作为栖息地里的广食性物种，它们能够迅速有效地利用距离原产地数千米之外的新繁殖区域。

目前为止，加利福尼亚甜灰蝶（*Glaucopsyche xerces*）是已知在北美洲灭绝的唯一一种蝴蝶。这是一个孤立的种群，与其他类似的栖息地没有任何联系，最后由于它在旧金山的沙丘栖息地被城市化吞噬而灭绝。

Apatura iris

紫闪蛱蝶

有着“皇帝陛下”尊称的蝴蝶

科别	蛱蝶科（Nymphalidae）
显著特征	雄蝶的翅膀具有紫色到蓝色的虹彩光泽
翅展	70—80 毫米
栖息地	开阔的落叶林

紫闪蛱蝶是欧洲华丽和具有魅力的蝴蝶之一，以其带有虹彩的紫色翅膀而著称。它常被尊称为“皇帝陛下”，是生活在盛夏时节开阔的落叶林中高大树木上的一种蝴蝶。

紫闪蛱蝶是一种难以捉摸的蝴蝶，它们很少从树顶下来觅食，主要以蜜露和树液为食。雄性紫闪蛱蝶极为美丽，其翅膀在特定角度下会呈现出虹彩般的紫色光泽，这是光线经翅膀鳞片折射所产生的。雄蝶会在求偶场聚集，巡逻或停歇，然后拦截进入该区域的雌蝶。紫闪蛱蝶偶尔会到地面上，在粪便和潮湿的土壤中寻找矿物质。

为了能够近距离观察紫闪蛱蝶，观察者会放置各种混合物作为诱饵，吸引它们到地面上。常见的诱饵包括虾酱、过熟的奶酪、腐烂的鱼、路边的各种动物尸体、尿液浸泡过的狗粪或狐狸粪便，以及用过的尿布等，其中鱼酱和狐狸粪便似乎是最成功的诱饵。当紫闪蛱蝶在这些诱饵上进食时，它会对周围环境变得毫无戒心，因此很容易接近、拍摄。

从柳树到树梢再到柳树

雄蝶会在柳树间巡逻，寻找刚羽化的雌蝶，因为柳树是紫闪蛱蝶幼虫的寄主植物。一只未交配的雌蝶会引导追逐它的雄蝶飞到树梢交配。交配后，雌蝶会在下午造访柳树林，它们经常消失在灌木丛中，并在叶子上产下单个卵。

紫闪蛱蝶的幼虫很少被看到，因为它们一般隐藏在柳树丛中。它们有相当精妙的伪装，其中蛹还会模仿柳树叶片。成蝶喜欢在光线明亮的地方活动，一般在六月中下旬出现。

›› 尽管紫闪蛱蝶有着令人不适的觅食习惯，但它其实是一种非常受欢迎的蝴蝶

Argynnis paphia

绿豹蛱蝶

森林中的耀眼居民

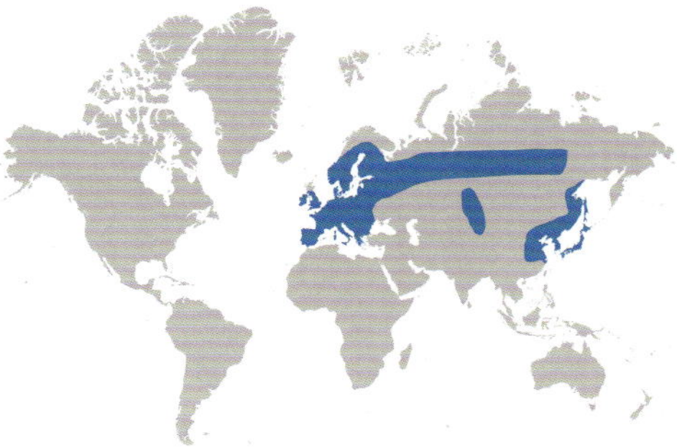

科别	蛱蝶科（Nymphalidae）
显著特征	橙色和黑色，后翅带有银色条纹的绿色
翅展	54—70 毫米
栖息地	开阔的落叶林

绿豹蛱蝶是一种引人注目的、橙黑相间的大型蝴蝶。夏季，它们会在小径上飞舞、滑翔，偶尔停下来吸食花朵中的花蜜。这种蝴蝶的英文俗名（Silver-washed Fritillary）来自其翅膀下侧的银色条纹。

绿豹蛱蝶有一种复杂的求偶行为——雄蝶会与雌蝶并肩飞行，并释放信息素。在交配过程中，雄蝶不仅传递精包给雌蝶，还会传递一些化学物质来驱赶其他雄蝶。

绿豹蛱蝶幼虫以紫罗兰为食，大多在夜间森林的地面上觅食。雌蝶并不会直接将卵产在紫罗兰上，其后代自己会找到这些植物。不过，雌蝶会确保产卵区域的附近有这些寄主植物，从而给后代提供一些便利，它们会通过步足上的感受器“辨别气味”，来确保产卵区域附近有紫罗兰。然后，它会在附近找一个安全的位置产卵，通常是在树皮的裂缝中。幼虫在夏末孵化，但整个冬季都不会进食或离开出生时的树，它们会一直待在母亲为它们选择的安全区域。到了春天，幼虫才会爬下树，去寻找并取食新鲜的紫罗兰叶片。

步足上的感受器

步足上的毛发状感受器帮助雌蝶确定适合产卵的地点。

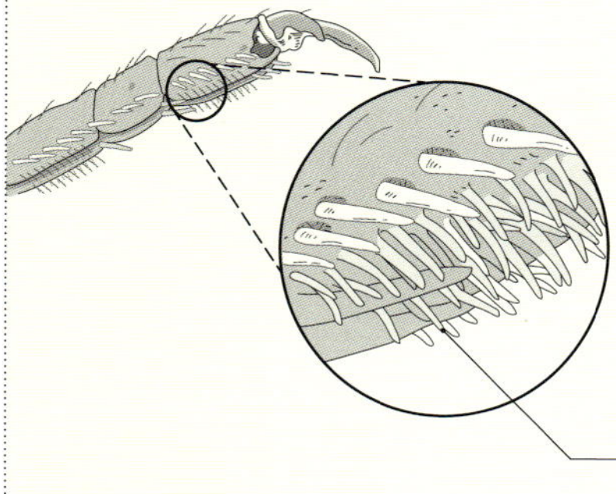

赢得胜利的蝴蝶

面对栖息地的变化和气候变迁，绿豹蛱蝶是欧洲蝴蝶中少数几种仍能繁荣发展的种类之一。它们曾经是一种罕见的地方性物种，但近年来，它已经成为英格兰和威尔士森林中的常见物种。造成这种情况的原因尚不清楚，但很可能与气候变暖有关。对于这种蝴蝶来说，重要的是森林不能过于茂密，因为它偏爱开阔地和林间空地。

绿豹蛱蝶在其欧洲林地领地中生存表现良好，可能是因为它能适应较温暖的夏季气候并繁衍兴盛

Liphyra brassolis

拟蛾大灰蝶

黄猄蚁的寄生物

科别	灰蝶科（Lycaenidae）
显著特征	大型灰蝶，具有强壮的身体和橘色翅膀
翅展	雄蝶 71 毫米；雌蝶 76 毫米
栖息地	海拔约 200 米的开阔地或受到轻微干扰的森林

拟蛾大灰蝶分布广泛，但罕见，可能是因为它一生中的大部分时间都是以幼虫的形态生活在树上的蚁巢中。成蝶似乎在黄昏时出没，不过它们在夜间也会被紫外线灯吸引，就像许多蛾类一样。该物种的分布范围从喜马拉雅山麓延伸到整个亚热带和热带的东南亚地区以及澳大利亚，甚至到达所罗门群岛。

拟蛾大灰蝶幼虫在黄猄蚁（*Oecophylla smaragdina*）的蚁巢内以蚂蚁的卵、幼虫和蛹为食。这些蚂蚁使用其幼虫吐出的丝将鲜树叶缝合成一个球状巢穴，蚁后和蚁群的幼生期阶段都在巢内。拟蛾大灰蝶的雌蝶会在黄猄蚁巢附近或上面产卵，孵化后的蝴蝶幼虫会爬进巢内享用柔软的蚁卵、幼虫和蛹。

“不速之客”

许多蝴蝶幼虫能够与蚂蚁共同生活并且和谐共处，蝴蝶幼虫给蚂蚁提供食物奖励，并利用化学物质迷惑蚂蚁，或者通过分泌物操控蚂蚁大脑的化学反应。而拟蛾大灰蝶的幼虫却不断受到黄猄蚁的攻击。幸运的是，它们“坚硬的皮肤”提供了足够的防御。幼虫的刚毛通常呈毛发状，但拟蛾大灰蝶幼虫的刚毛特化为扁平的伞状：这些重叠的板状结构通过柄杆附着在身体上，就像一件灵活的盔甲。拟蛾大灰蝶幼虫会在蚁巢内化蛹，并留下末龄幼虫硬化的皮肤作为保护壳覆盖在蛹外。当它羽化时，黄猄蚁会开始攻击翅膀柔软的成蝶，但成蝶还有一个绝招——它整个身体包括翅膀在内都覆盖了一层额外的长毛状鳞片。这些“易脱落”的鳞片在轻微的触碰下就会掉落。当成蝶试图找到最佳出口时，攻击它的黄猄蚁嘴里就会塞满毛状鳞片，它们不得不停下来将一个个鳞片去除。成蝶一旦离开蚁巢，就会落到地面爬行，直到找到一根可以攀爬的枝条或树干来展开并晾干翅膀。拟蛾大灰蝶翅膀维持未硬化状态的时间异常长，从羽化到翅膀变硬需要数个小时。

刚羽化的拟蛾大灰蝶身上覆盖着一层临时的绒毛状鳞片，这些鳞片在它们离开化蛹的蚁巢时能够保护它们免受黄猄蚁的攻击。图中的拟蛾大灰蝶刚刚羽化成功，正在一条安全的树枝上展开并晾干翅膀

Papilio aegeus

果园美凤蝶

柑橘爱好者

科别	凤蝶科（Papilionidae）
显著特征	大型凤蝶，具有红色、白色和蓝色斑纹
翅展	120—140 毫米
栖息地	花园、果园和公园

果园美凤蝶是一种漂亮的、黑白相间的大型凤蝶，常见于澳大利亚北部和东部以及新几内亚及其周边岛屿。雄蝶主要是黑色，而雌蝶则有较大面积的白色区域以及醒目的红蓝斑点。

雄性果园美凤蝶会在花园和小径上巡逻，寻找雌蝶。它们在短暂的螺旋式求偶飞行后开始交配，交配过程中双方都会保持翅膀张开的状态。雌蝶会四处游荡，寻找柑橘类植物，并将绿色的球形卵产在嫩叶的上表面或下表面。果园美凤蝶的早龄幼虫是黑白色的，看起来很像新鲜的鸟粪。较大龄的幼虫是绿色且带刺的，体表具有明显的白色和黑色区域，能很好地融入柑橘枝叶中。为了威慑捕食者，它们会从头部后面伸出一个叉状、Y 形的臭腺，散发出一种刺鼻的柑橘香味。虽然幼虫通常不会对成熟的树木造成损害，但大体形的幼虫可能会将小树苗的叶片吃光。

这个物种在分布范围内表现出高度的翅型多样化。在新几内亚及一些邻近岛屿上，当眼环蝶出现时，雄性和雌性果园美凤蝶会模仿它们。果园美凤蝶的翅膀主要呈白色或浅灰色，后翅底部有方块状的颜色斑块，这是果园美凤蝶试图模仿眼环蝶的大型眼斑。

热带风情

当这些大型黑色蝴蝶造访花园中的柑橘植物和它们喜欢的花朵时，总是能吸引人们的注意，尤其是在澳大利亚南部地区，它们如此耀眼且有十足的热带风情。它们像放大版的蜂鸟一样悬停在花朵上方，长长的喙探入花中吸取花蜜。它们是强壮且恣意飞行的蝴蝶，一旦受到惊扰会迅速飞离。这种凤蝶是大多数澳大利亚人最熟悉的种类，经常与人们共享户外空间。

>> 果园美凤蝶是澳大利亚东部常见且引人注目的蝴蝶之一，经常在郊区见到且能与人类和谐共处

Parnassius smintheus

田鼠绢蝶

登山远足者的伴侣

科别	凤蝶科（Papilionidae）
显著特征	高海拔地区的白色蝴蝶，带有红色和黑色斑纹
翅展	56—64 毫米
栖息地	高山草甸、岩石山脊和山顶

田鼠绢蝶栖息在北美洲西部的落基山脉，它们在高山草甸生境中恣意飞翔。当雌蝶邂逅生命中的第一只雄蝶时，雄蝶会分泌交尾栓，阻止雌蝶与其他雄蝶再次交配。

雌蝶会在景天属（*Sedum*）植物附近的物体上产下大而圆的白色卵。胚胎期的幼虫在几周内形成，但孵化前会在卵中休眠 6—8 个月，直到积雪融化时才孵化。幼虫以景天属植物为食，身体黑色带有黄色斑点，这种颜色设计非常适合在寒冷的山地气候中吸收热量。田鼠绢蝶幼虫看起来像一种味道不好的马陆，这可能是为了保护自己而实行的拟态。如果你去山区徒步远足，就可能会发现田鼠绢蝶的幼虫在地面或岩石上晒太阳。它们这样做是为了提高体温、加快发育。

繁殖策略

雄蝶在地面巡游以寻找雌蝶。交配过程会持续数小时，交配后雄蝶会分泌一种蜡质塞状结构——交尾栓，并将其放置于雌蝶的下腹部，防止雌蝶与其他雄蝶交配，确保只有自己的精子与雌蝶的卵子结合，从而使得它的遗传信息能传递到下一代。

田鼠绢蝶的交尾栓

雄蝶在交配后会分泌一种称为交尾栓的物质，并将其附着于雌蝶的腹部，用以维护自己对子代的遗传贡献。

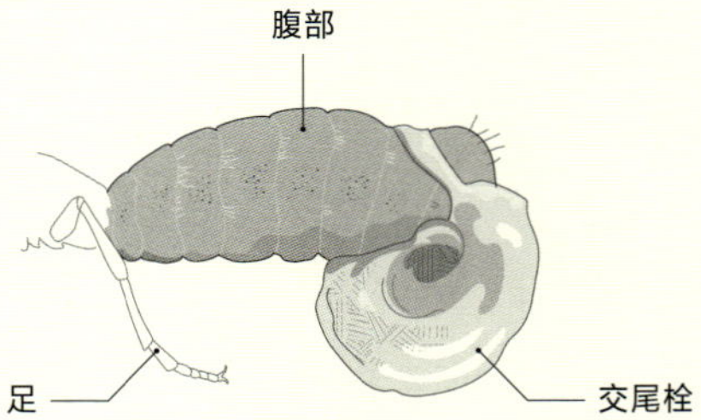

›› 田鼠绢蝶是真正的高山蝶类，它们栖息在高海拔地区，那里生长着它们的景天属寄主植物

HABITATS & RESOURCES
栖息地与资源

栖息地是蝴蝶的家园

蝴蝶的栖息地是它惯常生活的地方。这个地方可能很小，比如一个山坡，也可能很大，比如一整个地理区域。栖息地为蝴蝶提供了生存所需的一切，包括食物、庇护所、寄主植物、配偶以及适宜的气候。

栖息地的重要性

每个生物都有自己的栖息地。有些生物是专一性物种（专性种），从未离开过它们出生的地方，而另一些是广适性物种（广幅种），它们一生中会在不同的栖息地之间穿梭。

蝴蝶的栖息地种类繁多，包括草地、森林、城市、山区、湿地、沙漠和热带雨林等。一些广幅种的蝴蝶可以出现在很多，甚至大多数上述这些栖息地中，而另一些专性种蝴蝶则局限在特定的栖息地。

一个合适的栖息地必须为蝴蝶提供生存所需的各种资源。蜜源植物和幼虫的寄主植物显然是必不可少的生存资源，但蝴蝶还需要其他“基础设施”，比如庇护所、晒太阳的地方、求偶场以及躲避捕食者的安全之地。

专性种与广幅种

就蝴蝶多样性涉及的栖息地范围而言，有极端的专性种，比如罕见的菲罗灰蝶（*Philotiella leona*，见142—143页），它仅生活在美国俄勒冈州高地沙漠地区约39平

« 一群雄性安泰青凤蝶（*Graphium antheus*）在莫桑比克戈龙戈萨国家公园的一个水塘边啜饮泥水，从中获取钠元素

↗ 菲罗灰蝶的栖息地是世界上面积最有限的蝴蝶栖息地之一，仅限于美国俄勒冈州约39平方千米的高地沙漠地区

» 锡冷雅灰蝶（*Jamides celeno*）在东南亚受扰动、开放的栖息地中十分常见

方千米的特定区域内；也有比较常见的广幅种，如小红蛱蝶，除南极洲以外所有大陆的大多数栖息地都有它们的身影。然而，大多数蝴蝶介于这两个极端之间，它们只栖息在分布范围内某些特定类型的栖息地中。

在英国，广幅种通常指那些广泛分布的郊区物种。然而，如果在整个地景环境中都能找到蝴蝶所需的特殊栖息地，那么这种栖息地专性种也可以被称为“广幅种”。沼泽灰蝶（*Lycaena epixanthe*）幼虫以越橘属（*Vaccinium*）植物的叶子为食，这些植物生长在积水且呈酸性的沼泽中。此外，沼泽灰蝶成蝶只从越橘花朵中吸取花蜜。尽管它们对寄主植物、蜜源植物和栖息地的需求很严格，但适合它们生存的沼泽在美国东北部和加拿大东南部广泛存在。因此，尽管因为栖息地的特殊性，它们在这些区域内被称为“局部零散分布”，但其分布范围仍然涵盖了数百万平方千米的土地。

特化的代价

许多具有栖息地专一性的蝴蝶会因其栖息地本身局部区域化或稀少而导致其分布受到限制。对专一性蝶类而言，寄主植物的存在和合适的气候是决定栖息地适宜性的两个主要因素。如果没有合适的寄主植物，蝴蝶种群就无法生存；如果寄主植物稀少，那么蝴蝶也会变得稀有。

这种情况也同样适用于菲罗灰蝶。菲罗灰蝶幼虫的发育依赖稀有的短切荞麦。气候的适宜性也可能是影响其分布的因素，因为蝴蝶也需要一个炎热且阳光充足的夏季飞行期。实际上，在大多数专一性蝴蝶的栖息地中，寄主植物的存在和适宜的气候之间本就是互相关联的。

栖息地专一性蝶类在不同种群之间相对封闭，这意味着大多数个体都在同一区域内生存。当它们到达栖息地边缘时，通常会掉头返回。然而，总是会有一些个体游离于栖息地之外。这些个体非常重要，因为它们可能是新种群的潜在创建者，并且有助于维持种群的遗传多样性。正如我们将在下一章“蝴蝶的种群”

<< 幻紫斑蛱蝶（*Hypolimnas bolina*），图中是印度尼西亚爪哇岛的雌性个体。目前大部分受干扰的栖息地充斥着热带亚洲和南太平洋地区的物种，而它们在此繁衍兴旺

>> 大型二尾虎纹凤蝶飞行能力强，可以在广阔的地景范围内四处游荡

中要讲到的，孤立的种群不可能永远存在，必须有一部分与其他种群连接，而那些离开栖息地的漫游个体对于这种联系非常关键。

广幅种的优势

栖息地广适性蝴蝶拥有“开放性”种群，它们分布在广阔的地景之中。当遇到森林或大片水域障碍时，像麻蛱蝶、钩蛱蝶、凤蝶等蝶类可能会飞越或绕过这些障碍。活动范围广泛的蝴蝶往往会利用自然或人工“走廊”，如小径、田地边缘、河流和电力线路走廊等来穿越地形，这些通道还会给蝴蝶提供庇护所和觅食的机会。

不同的栖息地，例如森林和高山地区，各自拥有特有的蝶类种群。这意味着那些适应山顶生活的蝴蝶可能难以适应温暖潮湿的沼泽。不过也有例外，比如小红蛱蝶，它是一种典型的广适性蝴蝶，在两种不同的栖息地中都能发现它们的身影。在接下来的内容中，我们将探究不同栖息地中出现的各种蝴蝶，并了解它们是如何适应并且与其所选择的家园和谐共存的。

落叶林中的蝴蝶

温带地区的落叶林在夏季是重要的蝴蝶栖息地，尤其是如果树林比较开阔，阳光就可以透入林间空地。林下的草本植物也很重要，能为蝴蝶提供蜜源和寄主植物。

复杂的栖息地

只要树冠不是过于茂密，并且有许多开阔的花丛草地，那么温带落叶林就是观察蝴蝶的最佳场所。这种类型的栖息地为蝴蝶提供了许多庇护所，使其免受天敌和恶劣天气的影响。

森林是复杂的栖息地，包含了不同种类的微生境，有林缘地带、开阔的草地和阴凉区域。因为林业管理的日益松懈，栖息地变得更加密集和阴暗，许多森林蝴蝶的数量也因此而下降。在森林内部，大多数蝴蝶都分布在林缘地带和阳光照射的间隙，如果这些地方花朵繁茂，那么蝴蝶和其他昆虫的数量也会相应地增多。

温带地区所有科别的蝴蝶在落叶林动物区系中都有代表，尤其是眼灰蝶、蛱蝶和弄蝶。据估计，北美洲大约 20% 的蝴蝶可以在落叶混交林中找到。而在英国和欧洲其他国家，这个数字可能达到 50%。

森林蝴蝶的多样性

北美洲落叶林中的特色蝶类包括豹凤蝶、眼灰蝶、网蛱蝶、线蛱蝶、眼蝶和弄蝶。欧洲森林中的蝶类区系同样很多样。大多数森林蝶类都生活在开阔、长满青草且鲜花盛开的区域，但也能看到它们沿着森林小径飞行，寻找伴侣或产卵地点。

在欧洲大陆和英国常见的森林蝶类是帕眼蝶（见 140—141 页）。帕眼蝶是少数在过去几十年里种群兴旺，并向外扩大其分布范围的蝴蝶之一。这种蝴蝶喜欢森林中阴凉和阳光斑驳的环境，但它们也会闯入草地、公园和树篱中。这种蝴蝶可能受益于森林管理退化所造成的更为阴暗的林间环境。

↖ 落叶拟斑蛱蝶（*Basilarchia lorquini*）在覆满草丛的森林小径上巡逻，寻找配偶

⌃ 条纹小粉蝶（*Leptidea sinapis*）在宽阔且阳光充足的森林小径上缓慢而平稳地飞行

‹‹ 一对绿豹蛱蝶在它们的森林栖息地中边飞行边交配

↖ 只要拥有充足的草地、小径和空地供花朵和寄主植物生长，温带森林就能成为蝴蝶的富饶之地

↗ 夏天的温带草原有着充沛的阳光和多样的植物，蝴蝶总是随处可见

灌丛草原和沙漠中的蝴蝶

炎热干燥的地区通常不会被认为是蝴蝶丰富和多样的地方。然而，沙漠和被称为灌丛草原的自然干旱草地有时却盛产蝴蝶，尤其是在春季或土壤湿度最大的时候。

蝴蝶多样性热点区域

令人惊讶的是，沙漠是蝴蝶的高产栖息地，许多物种已经适应了这种干旱缺水的严酷环境。在北美洲和欧洲的灌丛草原栖息地（低降水量的天然草原），蝴蝶种群有时非常丰富，特别是在春季。

最近的研究表明，美国西南部和墨西哥的沙漠地区是蝴蝶多样性的热点区域，尽管那里开花植物的多样性不高，但特有种的数量却很多。这可能是由于为多种蝴蝶提供的寄主植物种类有限。要在沙漠中生存，蝴蝶必须高度适应极端的高温和干燥环境。并且，无论从可利用性还是从质量上来说，蝴蝶必须能应对不可靠的寄主植物状态。

<< 金闪灰蝶属（*Chrysoritis*）的蝴蝶，如金闪灰蝶（*Chrysoritis chrysaor*）在非洲南部干燥的石楠荒原栖息地中繁荣生长

高地沙漠专性物种

菲罗灰蝶生活在北美洲西部一个受限制的沙漠栖息地中，这意味着它必须熬过炎热干燥的酷暑和严寒的冬季。该物种的大部分时间（十个月或更久）以蛹的形式暴露在沙质土壤表面。这些蛹至少有两个月都会暴露在日平均温度超过 70℃的土壤中，然后可能会经历五个月或更长时间低于 0℃的严寒。然后成蝶在仲夏羽化，随后只有几周的时间产卵，以便幼虫在花朵凋谢之前有时间在寄主植物的花苞和花朵上发育完全。

›› 菲罗灰蝶在温暖的石头上晒太阳，从而快速提升体温以便飞行

分散投资策略

许多生活在沙漠或灌丛草原的蝴蝶会使用一种“分散投资”策略。举例来说，这意味着并非所有甜灰蝶和菲罗灰蝶的蛹都会在第二年羽化成蝶，有些蛹会休眠多年。山地和沙漠灌丛草原环境往往不可预测，尤其是不知道季节性降雨是否会按时到来。

许多生活在灌丛草原的蝴蝶大多在春季繁殖，这时土壤湿度最高，寄主植物状况最佳。干燥的冬季和春季会降低寄主植物叶片的数量和质量，这可能会影响灌丛草原蝴蝶的生存和发育，如北美洲西北部内陆地区的白线卡灰蝶（*Callophrys sheridanii*）。像菲罗灰蝶一样，白线卡灰蝶也会以蛹的形式过冬，但有些个体不会在春季羽化，而是选择再休眠一年或更久。这种策略（一部分种群不在任何一个特定的春天出现）是为了在季节性条件阻碍幼虫发育的情况下避免种群的损失。

河岸资源与回报

沙漠和灌丛草原栖息地通常包括沿着水道或围绕湿润地区（如渗水区和池塘）的自然区域。这些河岸栖息地为干旱栖息地中的蝴蝶提供了额外的资源，包括蜜源、矿物质、寄主植物和更适宜的小气候。因此，这些区域可能会有更多蝴蝶种群，某些特定物种甚至会专门适应这种次级栖息地类型，有时甚至能繁衍多个世代，因为它们的寄主植物保持常绿的时间更长。

北美洲西部，在颜色和翅膀斑纹上模仿君主斑蝶的黑条拟斑蛱蝶主要栖息在干旱区域的河岸地带，该物种所需的寄主植物柳树只出现在河岸地区。

颜色变换的“调色板”

灌丛草原的环境颜色根据季节变化，可以是深浅不一的棕色或绿色。在短暂的春季，绿色植物繁盛，伴随着白色、黄色、蓝色和红色的花朵。夏天一到，植物的颜色就会变为橙色、褐色和灰色，并且持续到下一个春天。有些蝴蝶追逐这种颜色变化，例如，仲春时期襟粉蝶在绿色植被上形成的绿色蛹，会随着植物枯萎和季节变化转为棕色，然后变成灰色。

山艾巢蛱蝶（*Chlosyne acastus*）的一龄幼虫在晚春时取食寄主植物，身体呈绿色。但夏季一到，热浪来袭，它们便停止进食，颜色变为灰色至黑色，并聚集在寄主植物的基

<< 黑条拟斑蛱蝶是北美洲河岸栖息地的一种蝴蝶，它利用柳树作为幼虫的寄主植物

>> 巢蛱蝶属（*Chlosyne*）的早龄幼虫在灌丛草原炎热的夏季聚集在寄主植物基部休眠

部，在接下来的八个月都处于蛰伏状态。

在沙漠和灌丛草原环境中，卵、幼虫和蛹的生长发育“竞赛”有时会导致成蝶的体形偏小。这是因为在幼虫完全吃饱之前，食物就已经消耗殆尽了。这种对于资源不确定性的适应包括幼虫会比在食物充足的情况下更早地形成蛹。这些较小的蛹最终羽化为较小的成蝶，因此小体形往往是许多沙漠蝴蝶的特征。

小红蛱蝶的冬季家园

尽管小红蛱蝶是世界上分布最广的蝴蝶，它们几乎占据了从城市花园到山顶的所有栖息地，但在北美洲和欧洲部分地区，它们的种群在一年中的某些时间被限制在类似沙漠的栖息地里。

小红蛱蝶冬季种群在撒哈拉以南非洲的沙漠边缘和墨西哥及美国西南部的干旱地区生存。这些沙漠中良好的季节性降雨在冬季孕育了葱郁且丰富的寄主植物，让小红蛱蝶大量繁殖，产生春季的迁移个体向北飞去，并且在夏季占领北欧和北美地区。

热带雨林中的蝴蝶

蝴蝶的多样性和多度在热带雨林达到顶峰。作为动植物多样性的热点地区，热带雨林在有限的地理区域内孕育了成百上千种的蝴蝶。

壮观的大型蝴蝶

热带雨林是许多大型彩蝶的家园。壮丽的海伦闪蝶和巨大的鸟翼凤蝶（翅展可达 30 厘米）是热带雨林中最著名的物种，但在热带雨林这片栖息地中还有成百上千种同样令人惊叹的蝴蝶。据估计，世界上大约 90% 的蝴蝶物种都生活在热带雨林中，其中南美洲热带雨林的蝴蝶数量和多样性是世界之最，紧随其后的是亚洲热带地区和澳大利亚，之后是非洲热带地区。热带山区则拥有单位面积内最高的蝴蝶物种多样性，如南美洲的安第斯山脉和新几内亚的中部高地。

热带雨林位于赤道南北纬 20 度以内，每年至少有 200 厘米的降水量，因此全年温暖潮湿。接近赤道的季节性雨林每个月至少有 10 厘米的降水量，为蝴蝶持续提供最佳生长条件。不过，有些雨林的旱季可能长达半年。成熟的低地热带雨林由从地面到树冠层的多个层次组成。

海伦闪蝶是热带雨林中的标志性物种。这种蝴蝶在中美洲和南美洲以其虹彩光泽闻名

‹‹ 热带的蛱蝶和其他蝴蝶，包括苏拉威西岛的台文蛱蝶（*Vindula dejone*），经常从泥潭和溪流中吸食泥水以获取钠元素

›› 许多热带眼蝶和其他蛱蝶，如苏拉威西岛的暮眼蝶（*Melanitis leda*），更喜欢食用成熟或腐烂的水果而非花朵

因高度和光照的不同而变化的多样性

从地表到树冠，热带雨林不同的层次栖息着不同的蝴蝶群落，这取决于每层中不同的光照和热量条件。蝴蝶对于特定垂直层次的偏好可能是由寄主植物决定的，也可能依其自身习性所决定。生活在森林空隙中的蝴蝶种类与生活在密林中的蝴蝶大不相同，热带雨林中的蝴蝶种类更多样，大多数热带的成蝶利用非花卉食物来源，如一些蛱蝶的成蝶几乎完全以水果为食，尤其是那些生活在上层树冠的种类。

长寿的秘密

多样化的食物来源能让大多数热带的成蝶比温带的同类活得更久。袖蝶偏爱取食花粉，花粉释放出的氨基酸使其寿命延长至六个月，并能让它们产下更多的卵。热带蝴蝶通常全年都可以繁殖，尽管有的地方会有旱季，如澳大利亚东北部的雨林，那里的蝴蝶必须忍受这种情况。它们要么迁徙到更适合的栖息地，要么停止繁殖，等待更有利的条件。

↖ 莫尔黑脉绡蝶（*Greta morgane*）是一种热带物种，主要分布在中美洲和南美洲的热带雨林里

↗ 黄条袖蝶是一种热带蝴蝶，分布在南美洲和中美洲，有时在美国南部也可以看到它们的身影

草原和草甸的蝴蝶

在蝴蝶的多样性和数量方面，仅次于热带雨林的栖息地是繁花盛开的草原和草甸。大多数弄蝶和眼蝶的幼虫以禾草为食，因此这些类别的蝴蝶数量尤其多。

蝴蝶物种丰富的栖息地

在包括欧洲和北美洲的温带地区，未施肥的半自然草甸和稀树草原是蝴蝶物种丰富的栖息地。几个世纪以来，部分草地一直被用于放牧，这使得多种草本植物和其他矮生开花植物得以发展，为草原蝴蝶群落提供了寄主植物和花蜜资源。这些物种中多数属于蛱蝶和灰蝶。

在英国和欧洲大陆的一些国家，钙质（白垩和石灰岩）草地、酸性草地和湿润草地都为蝴蝶提供了独特的栖息地。这些白垩地是观赏蝴蝶的最佳地点之一，那里居住着克里顿眼灰蝶、加勒白眼蝶（*Melanargia galathea*）、阿芬眼蝶、橙红斑蚬蝶（*Hamearis lucina*，见270—271页）以及弄蝶、麻蛱蝶、钩粉蝶等其他种类的蝴蝶。

微生境的重要性

植被结构是决定草原栖息地中蝴蝶种类组成的关键。某些种类，比如一些弄蝶，喜欢较矮的草皮，因为较矮的草皮可以为它们提供更多温暖；而其他种类，如阿芬眼蝶，则偏好较高的植被和凉爽的小气候。

‹‹ 浓框眼蝶（*Heteronympha merope*）如其英文俗名（The Common Brown）所指，在澳大利亚南部的稀树草原中很常见，有时它们的种群密度能达到很高的水平

↗ 克里顿眼灰蝶是欧洲大陆和英国白垩草地的一种常见蝴蝶。夏季，在某些地区，数千只克里顿眼灰蝶会聚集在一起飞舞

›› 加勒白眼蝶是一种蛱蝶而非粉蝶，常见于欧洲大部分未开垦的草地

橙红斑蚬蝶需要由灌木丛提供更湿润的环境和庇护所。较温暖的南向坡面与较凉爽的北向坡面有不同的蝴蝶群落。

几个世纪以来，白垩和石灰岩草地同时受到兔子等天然食草动物和其他家畜的放牧干扰。这种活动对于防止植物演替非常重要，否则会导致许多矮生寄主植物消失，而这些植物正是生活在这里的蝴蝶所依赖的。

酸性草地与湿润草地

欧洲地区的酸性草地一般形成于贫瘠且稀薄的土壤之上，这些土壤通常覆盖在砂岩或花岗岩上，植物群落多样性较低。因此，这里的蝴蝶物种并不丰富。

欧洲蕨（*Pteridium aquilinum*）通常是酸性草地的优势植物，它提供的斑驳阴影有助于紫罗兰的生长，而紫罗兰是豹蛱蝶的寄主植物。因此，酸性草地对于英国一些引人注目的豹蛱蝶来说是重要的栖息地，如银斑豹蛱蝶（*Argynnis aglaja*）和灿福豹蛱蝶（*Argynnis adippe*）。放牧活动对于这种栖息地也很重要，它确保蕨属（*Pteridium*）植物不会过于密集，从而限制或阻止紫罗兰的生长。

湿润草地出现在排水不良的致密土壤上，或靠近渗水区、河流和溪流附近。这里的草通常又高又茂盛，为欧洲的食草蝶类

« 橙红斑蚬蝶偏爱带有些许小灌木供其遮蔽的草地栖息地

↘ 大多数眼蝶，如非洲的萨菲蔽眼蝶（*Bicyclus safitza*），以禾草为食，因此它们把草地当作自己的家园

（如莽眼蝶和阿芬眼蝶）提供了良好的栖息地。这种栖息地的条件较为凉爽，需要一些放牧活动给花卉提供生长、绽放的区域。湿润草地在世界其他地区也是重要的蝴蝶栖息地。例如，在北美洲西部，湿润草地沿着水域和河流附近分布，是河岸栖息地不可缺少的组成部分，与周围干旱的地景相比，它们支撑着独特的蝴蝶群落。

不同的国家，不同的草地

在北美洲中部，高山草地是重要但濒危的蝴蝶栖息地。它支撑着一些独特但数量正逐渐减少的物种，如伊达里亚豹蛱蝶（*Argynnis idalia*）和黑斑橙翅弄蝶（*Hesperia dacotae*）。计划烧除是北美洲草原管理的重要方式，它需要精心安排时间，以尽量减少对蝴蝶种群的影响。

与欧洲和北美洲的同类草原相比，澳大利亚的稀树草原蝴蝶种类较少，但它仍是许多蝶类的家园。浓框眼蝶（见第196—197页）常见于各种草原与森林嵌合地区，并且有时会形成较大规模的种群。

不喜欢的草地类型

有一种不适合蝴蝶栖息的草地，很可能就在你的窗外。是的，郊区常见的草坪是蝴蝶会完全避开的栖息地，当然，除非你在草坪上种了一片野花，这样可能会吸引经过的蝴蝶来吸食花蜜。“五月不割草”是一项在美国和英国部分地区发起的倡议，鼓励有私人草坪的人让草坪自然生长一个月，这为包括蝴蝶在内的所有城市春季传粉昆虫提供了一个重要的生长空间。

高山栖息地的蝴蝶

温度、降水量、太阳辐射、空气密度和许多其他因素都会随着海拔的升高而发生变化。海拔每上升约150米的气候变化，大致相当于向极地方向移动1纬度的气候变化。

温带高山地区的夏季是短暂的，蝴蝶的活动被压缩至短短几周。热带高山地区的气候类似于温带环境的条件。因此，一些热带高山蝴蝶的近缘种也可能会在较高纬度的温带地区活动。例如，豆粉蝶属（*Colias*）成员在南美洲安第斯山脉的高海拔地区出现，但在整个北美洲和亚欧大陆的温带地区也是常见的蝴蝶。

高山栖息地

令人惊讶的是，就数量和多样性来说，高山往往是蝴蝶的最佳栖息地之一。在北美洲，只要在六月到八月的高山地区待上一天，通常可以见到50—60种蝴蝶。因此，人们对高山蝴蝶的研究比其他栖息地都要多也就不足为奇了。

‹‹ 现今认为，新几内亚中部高原的山峰在地质上相对年轻，只有约500万年的历史，但这些地区是世界上物种丰富的栖息地之一

➶ 苍钩蛱蝶在高海拔森林中越冬，成年后可以存活超过十个月

生活在极端的高山栖息地需要强大的适应能力。这里的夏天总是很短暂（大多数地方只有 8—12 周），蝴蝶在这段繁忙的时间里有很多事情要完成：访花、寻找配偶、交配以及产卵，同时还要避免同样活跃的天敌。一些耐寒种类，如北美洲的苍钩蛱蝶和黄缘蛱蝶以成虫的形式过冬，春天可以看到它们飞越积雪未化的大地，寻找当季最早的蜜源。

不过，大多数山地物种以卵或幼虫的形式过冬，在积雪融化、寄主植物长出新芽之前，这些物种是不会“醒来”的。根据海拔的不同，这种情况可能到初夏时才发生，所以幼虫必须快速进食、迅速发育，以免错过时间。有些种类无法足够快速地完成生长发育，所以它们会再次越冬。这意味着这些种类的成虫每隔一年才出现一次，如北美洲西北部的阿斯塔宝蛱蝶（*Boloria astarte*）。

在山地寻找温暖

蝴蝶幼虫的生命依赖于足够高的温度，使其能顺利度过四到六个龄期的生长发育，最终化蛹。然而，在高山上想找到这样温暖的环境相当具有挑战性。云层经常笼罩着高海拔山区，使得环境温度很低。幼虫在低于10℃的温度下很难进食和生长，因此它们必须充分利用任何可以吸收到的温暖的阳光。

深色比浅色更能吸收热量，因此大多数居住在山区的幼虫呈棕色、灰色或黑色，并且它们在阳光下晒太阳和进食。北美洲西部的田鼠绢蝶（见第94—95页）幼虫就是一个很好的例子，初夏时分，人们经常看到它们在小岩石和石块上取暖。

即使在山区的盛夏，蝴蝶翻飞的时节，也会有阳光不照射、温度低于飞行阈值的日子。对于大多数高山蝴蝶来说，这个飞行阈值是12℃—13℃。不过，当太阳高悬天空时，通常会有一些辐射热穿透云层，许多高山蝴蝶会吸收这种辐射热为其飞行肌肉提供能量。

‹‹ 阿斯塔宝蛱蝶是一种极地高山蝴蝶，经常出现在北美洲高纬度地带的山脊和苔原上

粉红缘豆粉蝶（*Colias interior*）栖息于加拿大亚北极地区和美国北部中高海拔森林中的林间空地和草地

田鼠绢蝶幼虫在高海拔栖息地中花费大量时间晒太阳以提高体温

适应高山

高山蝴蝶通常比低海拔地区的蝴蝶颜色更深。例如，高山中的黄粉蝶在黄色翅膀上有大量黑色鳞片，这使得翅膀能够吸收更多热量，并将热量传送至飞行肌和全身。许多高山蝴蝶有很多毛，这些毛可以保存温暖的空气，进一步协助调节体温和飞行。颜色更深的高山蝴蝶比同种中颜色较浅的个体更擅长飞行和觅食。

高山蝴蝶的羽化时间往往较长，这可能反映了不同的蝴蝶幼虫寻找温暖的相对成功率，进而导致发育速率的不同。许多种类的成虫被埋在雪下也能够存活几天，这在高海拔栖息地中是相当常见的事。但这种情况在任何低地蝴蝶中是不太常见的，因为大多数低地蝴蝶很难在霜冻的夜晚存活。

城市中的蝴蝶

人类创造的城市已经取代了一些蝴蝶种群的自然栖息地。不过，现在有越来越多的机会可以让城市栖息地对蝴蝶更友好，让蝴蝶能够在其中成功地度过它们的一生。

城镇中的蝴蝶

如今人们渐渐意识到，将蝴蝶栖息地融入城市的重要性。公园、花园、高尔夫球场和其他公共设施正逐渐成为更好的蝴蝶家园，并允许蝴蝶的寄主植物（包括一些“杂草”）成为这些地方植物多样性的一部分。

有些蝴蝶有良好的适应性，它们能够融入“新”环境成为城市居民的一分子。分布广泛、栖息地广适性物种基本上都是机会主义者，它们可以利用城市地区为其提供的寄主植物和蜜源资源。在欧洲，这类蝴蝶包括小红蛱蝶、孔雀蛱蝶、优红蛱蝶、菜粉蝶、钩粉蝶和荞眼蝶。在北美洲，美洲虎纹凤蝶（*Papilio glaucus*）、君主斑蝶、小红蛱蝶、钩蛱蝶和黄粉蝶都是常见的城市蝴蝶。在东南亚，这些蝴蝶则包括了纤粉蝶（*Leptosia nina*）、达摩凤蝶、优越斑粉蝶（*Delias hyparete*）、黄粉蝶和草地上的眼灰蝶类（如长腹灰蝶 *Zizula hylax*）等。

¥ 黄粉蝶属蝴蝶在亚洲的城市花园和公园中都很常见

›› 优越斑粉蝶在拥挤的热带亚洲大都市公园和街道中十分常见，其幼虫以植物的寄生生物为食

纹黄豆粉蝶（*Colias eurytheme*）是北美洲城市中常见的访花蝴蝶

蝴蝶花园

著名的英国政治家温斯顿·丘吉尔（Winston Churchill）是最早培育蝴蝶花园的公众人物之一，如今全世界有成千上万的人都在努力做这件事。关于如何种植一个蝴蝶花园的书籍和在线资源不胜枚举，但归根结底需要两个基本要素：寄主植物和蜜源植物。

大量的开花植物能够为蝴蝶提供蜜源，但只有少数植物会吸引蝴蝶。人们熟悉的诱蝶植物之一是大叶醉鱼草（*Buddleja davidii*）的开花灌丛，有时也被称为蝴蝶灌丛。在某些地区，由于它蔓延的自然习性，常常被认为是有害杂草，但它对蝴蝶有很强的吸引力。然而，负责任的园艺爱好者应该避免在原产地以外的地方种植这种蝴蝶灌丛，因为它很容易变成入侵物种。其他对蝴蝶具有高度吸引力的花卉包括紫菀、天人菊、美洲茶、锥花、一枝黄花、日中花、车矢菊、薰衣草、丁香、牛至、马利筋、天绣球、向日葵、川续断、蓟、缬草、马鞭草和桂竹香。马缨丹（*Lantana camara*）对蝴蝶极具吸引力而且容易种植，但由于它已经成为全世界大多地区的入侵杂草，所以应该避免种植它。

花朵可以为飞越城市区域的蝴蝶提供重要的补给，如果同时也有寄主植物存在，蝴蝶就可以在此繁衍、定居。如果花园、公园、道路、高尔夫球场和墓园中存在蝴蝶的寄主植物，就有可能使蝴蝶能够在城市地景中持续生存并繁荣发展。

北美洲城市的专性种

北美洲西部最大的蝴蝶，华丽的二尾虎纹凤蝶（见第 50—51 页）是落基山脉以西城市地区的常见物种。这是因为它的寄主植物之一美国红梣（*Fraxinus pennsylvanica*）是许多城镇广布的庭荫树种。同样雄伟且体形较大的单尾虎纹凤蝶（*Papilio rutulus*）在西雅图市区很常见，因为它的寄主植物槭树和悬铃木普遍种植在市区和郊区街道上。

另一种可以利用城市栖息地的北美洲蝴蝶是分布广泛的君主斑蝶。近几十年来，马利筋已经成为受欢迎的园林植物，除了花蜜能吸引多种蝴蝶之外，它们还是君主斑蝶幼虫的唯一寄主植物。随着本土野生马利筋栖息地的减少，其城市栖息地在美国对君主斑蝶的重要程度日益加深。

农田中的蝴蝶

近年来大规模的农业扩张导致蝴蝶栖息地被破坏和碎片化。目前，在恢复蝴蝶的本土栖息地方面，人类对于农作物害虫生物防治的益处有了新的认知，这为农田中的蝴蝶带来了更多生存机会。

与蝴蝶共享农田

从历史上来看，农田并不是蝴蝶的理想家园。世界各地的农田扩张导致蝴蝶自然栖息地被破坏或碎片化，随之而来的是包括蝴蝶在内的本土动植物的灭绝。而农业活动还会使用农药，这使得环境更不适合动植物生存。

然而，进入 21 世纪以来，结合保护性生物防治的农业害虫管理方案日益得到人们的重视，这使得农药的使用减少了。采用保护性生物防治方案通常与本土栖息地的恢复相关联，用以提供资源给作物害虫的捕食者和拟寄生物等天敌。本土栖息地的恢复也为蝴蝶重新进入农田提供了机会。

为了增强作物害虫捕食者和拟寄生物的种群数量，欧洲和北美洲逐渐在作物附近或作物内部种植花卉带，作为保护性生物防治项目的一部分，这些花卉带很可能会作为蝴蝶的蜜源和寄主植物资源。随着农药投入的减少和栖息地恢复方案的普及，在未来的几十年里，农田将成为蝴蝶日益重要的宝贵栖息地。

蝴蝶友好型葡萄园

根据美国华盛顿州的美丽公益计划，人们在葡萄园实施了本土栖息地恢复，并将农药的使用降到最低水平。结果表明，这些地点至少支持了 29 种蝴蝶生存，相比之下，那些没有经过栖息地恢复的葡萄园中只有不到十种蝴蝶。在这些恢复了栖息地的葡萄园中，许多蝴蝶都是由寄主植物所支撑的本土物种。新西兰和欧洲的一些低农药投入和采用保护性生物防治方案的葡萄园也在不断发展中，并且证明了这是对蝴蝶友好的栖息地。

有机的低投入葡萄园改善了虫害的自然防治，并为蝴蝶和其他授粉昆虫提供了资源和栖息地

当芥（*Capsella bursa-pastoris*）作为寄主植物被重新使用，并且杀虫剂使用量最小时，非害虫性的菜粉蝶类，如北美洲的贝氏云粉蝶，是首批重新定居农田的蝴蝶之一

气候的重要性

抱怨天气似乎是人类的天性。试想一下，对于一只寿命短暂的蝴蝶来说，如果因为天气太冷不能飞行而找不到配偶、不能求偶或产卵，它将会面临多么大的困境。当生命仅能持续几天或几周时，天气就会严重影响蝴蝶的种群延续了。

温暖即生命

20℃—30℃的温暖夏季和阳光对大多数蝴蝶来说是完美的。在这种条件下，蝴蝶生命的关键组成部分——采集花蜜、寻找配偶和产卵，都能以最佳状态进行。然而，就像人类一样，有时候温度过高也会对蝴蝶产生不利影响。

适宜的气候对成蝶而言至关重要，它们甚至比人类更加需要合适的气候条件，因为蝴蝶是“冷血动物”，它们的生命活动依赖暖和的温度。阴天和低于 12℃的气温会让大多数蝴蝶难以飞行。但也有例外，一些深色的山地蝴蝶在大约 10℃时也能飞行，有时甚至在毛毛雨天也能看见它们飞行的身影。

阿芬眼蝶这种深褐色的蝴蝶通常能在凉爽的细雨中飞行。正如我们所见到的其他高山蝴蝶一样（见第 120—123 页），增加的黑色素和毛丛用来吸收和保留每一分可利用的热量。我们也可以在温带低海拔蝴蝶身上看到这种现象。

快速成长的重要性

温度对蝴蝶的卵、幼虫和蛹同样重要，适宜的温度能使它们尽快发育。个体在脆弱的幼虫阶段度过的时间越少，被捕食或被寄生的风险也就越小。幼虫像成蝶一样是会移动的，它们可以通过晒太阳来取暖，加快新陈代谢和生长速度。但在盛夏时节，太阳的热量对一些蝴蝶来说可能太强了，在这种情况下，它们会寻找凉爽的阴凉处。其他种类，如菲罗灰蝶的幼虫，能够承受非常高的温度，高温加速了这类物种从卵到蛹的发育过程，使它们只需一周多的时间就能化蛹。

不良天气的影响

降水量对蝴蝶的生活影响重大。适当的降水能够优化寄主植物的生长，而干旱的条件，特别是干燥草原的边缘区域，可能会降低或抑制幼虫的生存和生长发育。然而，某些栖息地中过多的降水也可能会把幼虫从寄主植物上冲走。

阴冷、多云、潮湿的天气都不利于蝴蝶活动。如果这种天气与许多种类短暂的活跃飞行期重叠，那么长期处于这种天气条件十分不利于蝴蝶寻找配偶和产卵。在英国和部分欧洲大陆地区，夏季天气大多凉爽潮湿，这就会导致一些蝴蝶种群暂时性大幅减少。

⌃ 菲罗灰蝶幼虫暴露在高温环境下，只需要一周多的时间就能完成发育

<< 大多数蝴蝶，如图中的灰眼蛱蝶（*Junonia grisea*），身体和翅膀基部覆盖着浓密的毛发，有助于保存温暖的空气、提高体温，从而促进新陈代谢和飞行

>> 在中红外光谱范围内拍摄的蝴蝶标本热图像展示了不同身体部位如何保持热量。其中的差异与标本的厚度有关

应对热浪

通常，一旦气温上升至 32℃，压力就会开始显现，许多蝴蝶会寻求潮湿和阴凉的地方。只要高温持续的时间不长，并且栖息地能提供躲避高温的区域，大多数蝴蝶就会改变行为模式生存下去。然而，全球气候变化导致更强烈和持久的热浪，这对蝴蝶种群的冲击日益明显。

北美洲西部的君主斑蝶经常暴露在夏季高达 40℃的温度下。它们会减少活动并寻找阴凉处避暑，直到气温降下来。通常，这样突发的高温只会持续几天，但近年来，高达 48℃的热浪可持续两周之久。在这种情况下，人们观察到，君主斑蝶会离开栖息地并沿着河流寻找较凉爽的地方。

当温度适宜（通常在12°C—32°C之间）并且有寄主植物和蜜源可用时，蝴蝶就能够蓬勃繁衍

畏风还是迎风?

大多数蝴蝶不喜欢刮风的天气。即便是温暖、晴朗的天气，大多数畏风的蝴蝶（通常是中小型种类）在刮风时仍会待在原地不动；而一些大型种类，如大型蛱蝶和凤蝶，并不畏惧强风，它们甚至可以乘风扩散和迁徙。金裳凤蝶（*Troides aeacus*，右图）即使在强风中也能在树梢间翱翔。

蝴蝶的翅膀

蝴蝶的翅膀是由壳多糖构成的，并且充满空气强化翅膀结构。翅膀是具有“血液”血管和神经的活体结构。有些线灰蝶的前翅里甚至还有一个“跳动的心脏”——翅膀中用来调节血淋巴流动的构造。蝶翅表面覆盖着很多像屋顶瓦片一样重叠的小鳞片，这些鳞片让翅膀有了颜色和花纹。在蝴蝶的一生中，翅膀上的鳞片会逐渐自然脱落，但这并不影响它们的飞行能力。

蝴蝶翅膀解剖图

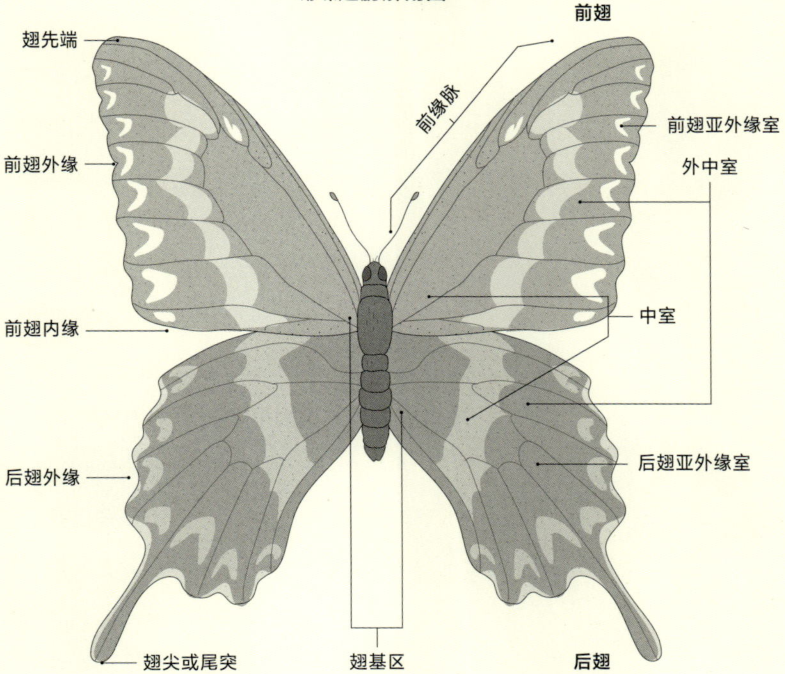

寄主植物

除了气候，寄主植物也是影响蝴蝶生存的关键因素。没有寄主植物和适宜的天气，蝴蝶将难以维持其种群数量。寄主植物是蝴蝶幼虫的食物，并决定了蝴蝶将来的特性。

食性选择

蝴蝶与植物密不可分，植物不仅是成蝶的蜜源，也是幼虫的食物。大多数成蝶会利用任何可用的花蜜，只要时机合适并且它们能实际接触到这些花蜜。

与成蝶不同，许多幼虫的食性更为受限。有的幼虫需要特定种类的植物作为食物，有的只取食单一种类的植物，如菲罗灰蝶依赖短切荞麦。一些幼虫，如小红蛱蝶和戴丽链灰蝶（*Hypochrysops delicia*）的幼虫，则具有广泛的食性，可以取食不同种类的植物。

以卵的形态越冬的蝴蝶物种在春季孵化时需要新鲜的嫩叶，因此只有早春植物适合作为寄主植物；以成虫或蛹的形态越冬的蝴蝶在春季羽化为成虫后立即需要花蜜，几周后才需要适合幼虫的寄主植物，此时它们可选择的植物种类会更多样。

为什么有些蝴蝶依赖单一寄主植物，而另一些则可以食用多种植物呢？毫无疑问，像小红蛱蝶这样的寄主植物广适性物种是生存能力很强的蝴蝶，它们能够在多种栖息地中生存。不过，依赖常见且分布广泛的单一

‹‹ 一些灰蝶的幼虫偏好取食寄主植物的叶芽，如图中这只末龄甜灰蝶幼虫，它正在羽扇豆属（*Lupinus*）植物上取食

^ 加州悌蛱蝶（*Adelpha californica*）的幼虫只取食北美洲的橡树叶子

寄主植物或少数密切近缘相关的寄主植物也是一种成功的生存策略。成功的专性种案例，包括暮眼蝶和菜粉蝶，它们分别仅依赖于禾草和十字花科植物，但这些植物很常见且分布广泛。然而，如果一种蝴蝶只依赖于一种本身分布范围有限或者突然变得稀少的寄主植物，那么这种策略就会变得非常危险。

⮝ 回声琉灰蝶（*Celastrina echo*）的幼虫喜欢取食它们的寄主植物山茱萸和雪花美洲茶（*Eriodictyon californicum*）的花朵

多样的饮食

有些物种在幼虫发育的不同阶段会利用不同的寄主植物。这种情况发生在一些堇蛱蝶属（*Euphydryas*）的蝴蝶中，它们以幼虫形态越冬，在入冬前取食一种植物，在冬季后则取食另一种不同的植物。

幼虫偏好的寄主植物部位对它们来说相当关键，每个物种往往专门取食一两个部位。大多数幼虫以叶片为食，有些专门吃嫩叶，而另一些则喜欢吃成熟的叶子，还有一些，如眼灰蝶、线灰蝶和灰蝶亚科的幼虫，喜欢吃叶芽。其中一些幼虫会钻入叶芽中，埋头取食。其他蝴蝶幼虫可能偏好取食花朵，甚至寄主植物的种子。

叶芽、花朵和种子通常比叶子更有营养，氮含量最高可达同一植物叶片的十倍。因此，食用这些部位可以促进幼虫更快生长，但叶芽、花朵可获取的时间有限，所以大多数专一性取食叶芽和花朵的幼虫在必要时可以转而取食叶子。

弄蝶和眼蝶亚科的幼虫倾向于利用禾草和棕榈作为寄主植物。这些植物分布广泛，但营养价值较低。这意味着以这些寄主植物为食的蝴蝶幼虫生长和发育速度通常较缓慢。

幼虫寄主植物群

某些种类和科别的植物是蝴蝶普遍青睐的寄主植物。例如，在北美洲和欧洲，由4—6种蝴蝶组成的群落以异株荨麻（*Urtica dioica*）作为寄主植物，使得这种常被诟病的

寄主植物内的幼虫

雅蓝灰蝶（*Cupido amyntula*）的幼虫钻入豆科寄主植物中，取食更有营养的植物部位，同时躲避捕食者。

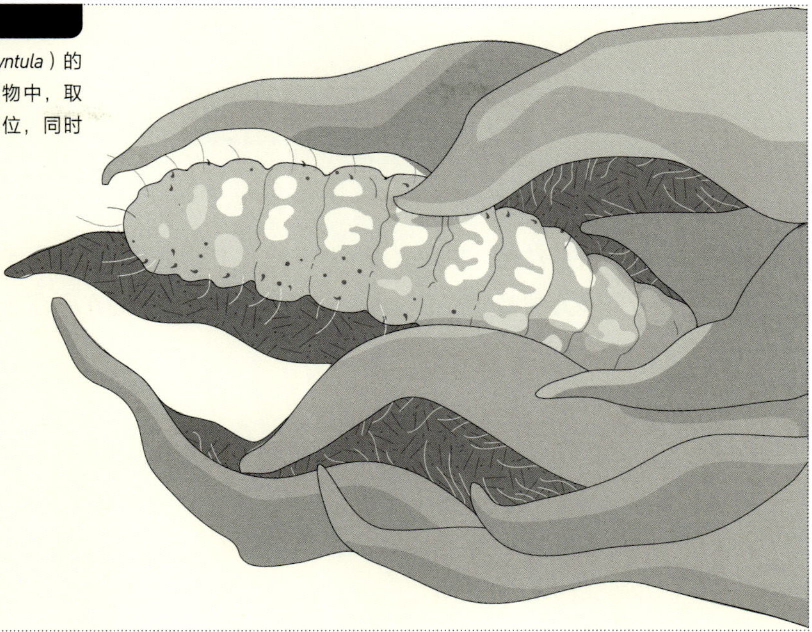

杂草成为饲育和保护蝴蝶的重要资源。

蝴蝶寄主植物群落还有其他例子。在北美洲西北部，被称为苞蓼（*Eriogonum tomentosum*）的植物支撑着一个由 12 种眼灰蝶和灰蝶亚科成员再加上一种蚬蝶组成的群落。另一个重要的群落是由菜粉蝶和黄粉蝶组成的，它们偏好十字花科的寄主植物。

尽管大多数蝴蝶幼虫以开花植物为食，但也有一些有趣的例外情况。有些幼虫食用非开花植物，比如以松树为食的娆粉蝶属（*Neophasia*）成员、以苔藓为食的小尾蚬蝶属（*Sarota*）成员和以石松为食的玳眼蝶属（*Ragadia*）成员。圆灰蝶亚科（Poritiinae）成员分布在旧大陆热带地区，在非洲，大约有 500 种琳灰蝶族蝴蝶食用地衣和藻类，包括金斑拟珍灰蝶（*Mimacraea marshalli*，见第 246—247 页）。有些幼虫以死亡的植物为食，如一些蚬蝶以枯叶和碎屑为食；甚至有一个名为 *Detritivora*（食屑蚬蝶）的属，意为“以碎屑垃圾为食”。还有一些蝴蝶完全放弃以植物为食，如云灰蝶和毛足灰蝶都不吃植物。有些蝴蝶以蚂蚁的幼虫为食，如拟蛾大灰蝶（见第 90—91 页），而另一些则以蚜虫和其他吸食汁液的昆虫为食，如北美洲唯一的代表棉蚜灰蝶（*Feniseca tarquinius*），它专以赤杨卷叶棉蚜（*Prociphilus tessellatus*）为食。南非的亦秀灰蝶（*Thestor yildizae*）在幼虫生命期间生活在好斗的守卫捷蚁（*Anoplolepis custodiens*）巢穴中，它会诱使蚂蚁反刍食物喂养自己直到发育至化蛹。

传粉蝴蝶

提到传粉者，人们往往会想到蜜蜂，这些被人工饲养的昆虫因为帮助各种农作物传粉而闻名。但还有许多其他类型的传粉者，蝴蝶也包括在内。而在所有的昆虫传粉者中，蝴蝶也许是最美丽的。

传粉帮手

蝴蝶是传粉者吗？没错。蝴蝶作为花朵的常客，当它们在花丛中穿梭采蜜时，总会将一朵花的花粉转移到另一朵花上。虽然蝴蝶有时被认为是仅次于蜜蜂的第二大传粉者，但我们仍然不清楚它们的传粉效率。

蝴蝶传粉肯定不如大多数蜜蜂那样有效，因为它们并不像蜜蜂那样一生专注于访花。而且，由于蝴蝶的步足长而细，减少了身体与花朵部位的接触，所以它们携带的花粉也比蜜蜂少。不过，在平坦开放的花朵上，蝴蝶的身体确实会接触到花粉，这些花粉会粘在蝴蝶的步足与喙上，但与蜜蜂不同的是，蝴蝶没有专门收集花粉的特化结构。

« 步足长的大型蝴蝶（如阔斑豹蛱蝶）比起步足短的小型种类（如弄蝶和灰蝶）更不容易携带花粉

➶ 我们需要更多的研究来确定不同科的蝴蝶对野生花卉和作物传粉的重要性

传粉是一个双向合作过程。植物需要借由某种方式将其花粉传递到另一朵花上，并且它愿意为此支付“报酬”。昆虫传粉者可不会无偿工作，它们收取花蜜作为酬劳。然而，如果花粉没有落在另一朵同种花上，传粉就算失败。为了提高传粉的成功率，植物会轮流开花或分泌花蜜，这样蝴蝶在一次觅食过程中可选择的花朵数量就会受到限制。花朵的结构也可以筛选掉部分传粉者。很少有其他昆虫像蝴蝶和飞蛾那样拥有那么长的喙，而一些花朵的花蜜位于长管末端，这是让蝴蝶和飞蛾为它们传粉特化而来的。飞蛾传粉的花朵一般在夜间开放，并且有强烈的气味；而专门由蝴蝶传粉的花朵一般在白天开放，通常呈红色，这是一种蜜蜂看不到的颜色。

Pararge aegeria

帕眼蝶

一则蝴蝶成功的故事

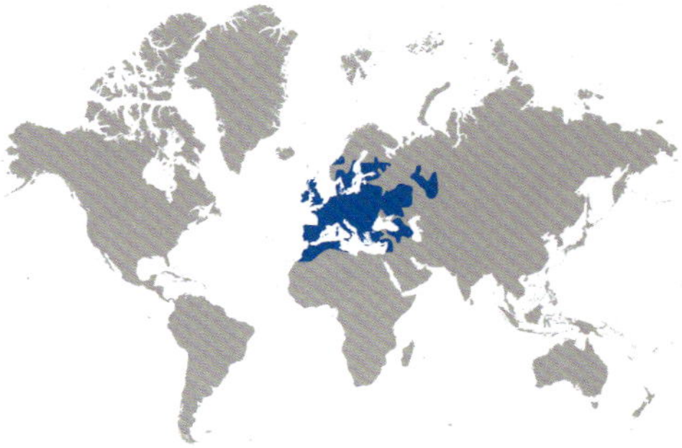

科别	蛱蝶科（Nymphalidae）
显著特征	常见的白色和褐色蝴蝶
翅展	114—127 毫米
栖息地	落叶性森林、花园和公园

帕眼蝶是欧洲森林中常见的成功物种，人们可以在阳光斑驳的林间空地和草地的边缘找到它们。这种蝴蝶不畏惧阴暗多雨的天气，是少数能在这种恶劣条件下飞行的蝴蝶之一。

帕眼蝶是英国少数在数量和分布范围上都在增长的蝴蝶之一。这种迷人且带有棕色和白色斑点的蝴蝶自从 20 世纪 70 年代以来，数量增加了 84%，分布范围扩大了 71%，如今可以在森林之外的栖息地，如公园、花园和树篱中找到它们。该物种非凡的成功可能归因于气候变暖，这使得它们能更有效地繁殖，并将其分布范围扩展到英国东部和北部的许多地区。

帕眼蝶在英国蝴蝶中几乎是独一无二的存在，因为它在阴天和多云的日子里依然能够保持活跃，并且它比大多数其他种类的蝴蝶更喜欢在阴暗的栖息地中飞行。帕眼蝶成蝶偶尔会访花以获取花蜜，但它们更喜欢从树叶表面吸取蜜露，或是吸取发酵的黑莓汁液。

复杂的生活史

大多数蝴蝶只有一个越冬阶段，但帕眼蝶与众不同，它们可以以幼虫或蛹的形态越冬。这也意味着帕眼蝶在春季以及整个温暖的季节里会有混合且较长的羽化期，有世代重叠的现象。因此，三月到十一月都可以观测到帕眼蝶。它们每年有三个世代，每只幼虫的发育速率各不相同。它们有时候会有五个龄期（并非常态的四个龄期），这增加了其生活史的复杂性。绿色的幼虫以各种禾草为食，并且有极佳的伪装效果，绿色的蛹也是如此。

›› 帕眼蝶在英国乡村的种群正蓬勃发展，它们持续占据非传统栖息地，并适应了越来越温暖的夏季

Philotiella leona

菲罗灰蝶

微小且稀有

科别	灰蝶科（Lycaenidae）
显著特征	世界上最小的蝴蝶之一
翅展	15—18 毫米
栖息地	高地沙漠中有火山灰和浮石的野地

菲罗灰蝶由哈罗德（Harold）和利昂娜·赖斯（Leona Rice）于 1995 年发现，仅分布于美国俄勒冈州中南部羚羊沙漠约 39 平方千米的范围内，是世界上最小、最稀有的蝴蝶之一。

菲罗灰蝶是一种高度特化的物种，栖息在高地沙漠中的火山灰和浮石生境中，它们依赖同样高度特化的寄主植物短切荞麦。这种蝴蝶及其寄主植物主要出现在扭叶松（*Pinus contorta*）森林的林间开阔地带，这里的气候特点是夏季短暂（约三个月）、炎热干燥，冬季漫长寒冷。菲罗灰蝶从六月中旬到七月底大部分时间在地面低空飞行，很少在上午 11 点之前飞行，并且只有当温度高于 20℃时才会活动。大多数交配和产卵活动发生在下午和傍晚。

幼虫的竞赛

菲罗灰蝶的幼虫只需要 10—12 天就能发育到蛹的阶段，并且通常在它们的亲代死亡之前就已经完成了发育。这种急迫的生长十分必要，因为在沙漠栖息地极端的夏季高温下，寄主植物会迅速衰老。菲罗灰蝶的卵、幼虫、蛹和成虫本身会暴露在 50℃—70℃的阳光直射下。

这些微小的卵（宽度不到 0.5 毫米）单产于花苞的基部。幼虫只吃寄主植物未绽放的花苞和花，体色呈粉色、红色和白色，这为幼虫在短切荞麦粉红色的花上提供了很好的伪装。小型的棕色蛹在土壤表面形成，没有任何保护措施。过冬期间，它们会暴露在低至 −30℃的温度下，然而降雪会缓解严寒，使蛹大部分的时间保持在大约 0℃的恒定温度。

破卵而出

菲罗灰蝶的幼虫啃咬卵壳后破卵而出，然后移向最近的花朵或花苞继续进食。

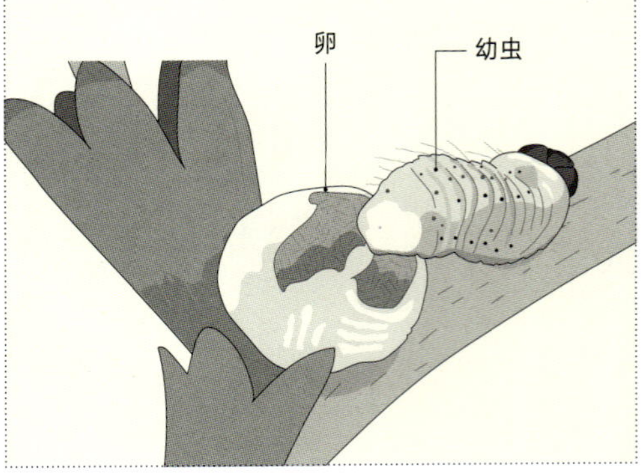

菲罗灰蝶在1995年被发现，是世界上最稀有和最小的蝴蝶之一，仅局限分布于美国俄勒冈州中部一小片高地沙漠区域

Papilio ulysses

英雄翠凤蝶

澳大利亚热带地区的象征

科别	凤蝶科（Papilionidae）
显著特征	闪耀着虹彩般电蓝色翅膀
翅展	140—152 毫米
栖息地	海岸沿线的热带雨林

英雄翠凤蝶是一种华丽的大型蝴蝶，在阳光下闪耀着虹彩般电蓝色的翅膀，一眼就能辨认出来。作为澳大利亚热带地区的旗舰物种，英雄翠凤蝶是澳大利亚雨林的标志性符号。

英雄翠凤蝶多年来一直是澳大利亚昆士兰州的旅游标志，吸引着游客前往该州北部沿海的热带森林。

雌性英雄翠凤蝶会在蜜茱萸属（*Melicope*）寄主植物的嫩枝上单独产卵。其中一种寄主植物印尼红茱萸（*Melicope elleryana*）已经成为受欢迎的园林植物，这令该蝴蝶的栖息地也随之扩展到热带地区的郊区花园。其他栽培的园林植物，包括昆士兰巨盘木（*Flindersia bourjotiana*）和柑橘树有时也会被幼虫食用。

绿白相间的英雄翠凤蝶幼虫通常单独进食，偏好新鲜的嫩枝；成蝶终年繁殖并且在雨季达到高峰。

在阳光下飞行的英雄翠凤蝶是一道令人印象深刻的风景，远远望去，它们翅膀上绚丽的蓝色就像一连串虹彩般的闪光。英雄翠凤蝶在巴布亚新几内亚、印度尼西亚和所罗门群岛的部分地区也能见到。

黑色鳞片的纳米结构

在扫描式电子显微镜下观察到英雄翠凤蝶黑色区域中单一鳞片的纳米结构。这种翅膀结构降低了反射率，增强了黑度。

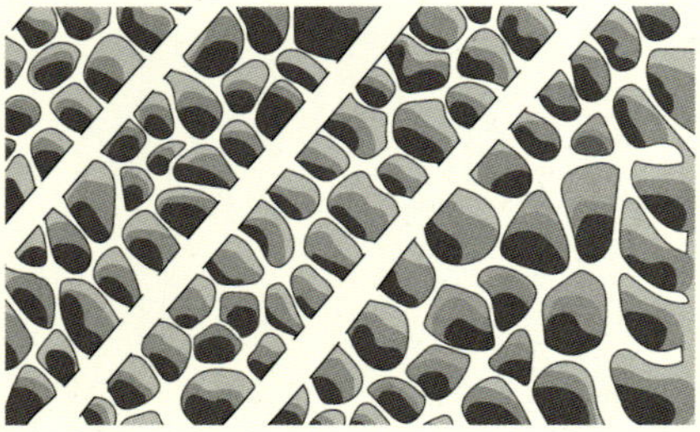

蝶翅鳞片的启示

渐渐地，蝴蝶成为进阶科技研究的模型物种，用以改进飞行以及光和热的吸收技术等方面。英雄翠凤蝶黑色鳞片的纳米结构，是大自然设计的最有效的太阳能接收单元，它最近激发了人们创造高效光吸收结构的灵感。最终，这种新型光细胞结构可能会用于太阳能电池板中，从而实现降本增效。

英雄翠凤蝶拥有闪烁着电蓝色光泽的翅膀，是热带雨林的标志性物种，在马鲁古群岛、新几内亚和澳大利亚约克角地区都可以看到它们的身影

Kallima inachus

枯叶蛱蝶

伪装成枯叶的蝴蝶

科别	蛱蝶科（Nymphalidae）
显著特征	像一片枯树叶的物种
翅展	85—110 毫米
栖息地	发现于茂密的森林和竹林，但很少在开阔地见到

艾尔弗雷德·拉塞尔·华莱士（Alfred Russel Wallace）曾经宣称本种是“蝴蝶当中最令人惊叹且毋庸置疑的保护性拟态案例”，他的话至今依然令人信服。枯叶蛱蝶合拢的翅膀在每一个细节上都有助于其伪装成一片树叶。

虽然枯叶蛱蝶与孔雀蛱蝶和荨麻蛱蝶关系密切，但它的体形显然要大得多，翅膀的形状也截然不同。当枯叶蛱蝶闭合翅膀停栖时，其翅膀轮廓就像一片细长的树叶，并且完美呈现出具有叶柄的样子。翅膀上的纹路模仿了叶片的中脉和从中脉延伸出来的次生叶脉。此外，该物种具有高度变异性：即使在同一种群中，不同个体看起来像是不同腐烂阶段的叶子，完美地带有变色和模拟霉斑的不规则斑点。这种翅纹的差异有着复杂的遗传基础。不同的翅纹型式通过演化来维持，因为如果它们都是相同的，那么捕食者就能渐渐识别出它们是蝴蝶。如果任意一个型式变得非常普遍，以至于捕食者很快就识别出，那么捕食者就会开始攻击那种型式。这也成了其他翅纹型式的蝴蝶抵抗捕食者的优势，直到其中一种也变得很常见，以至于捕食者识破了这个把戏，然后这种型式便会被优先攻击，以此类推。枯叶蛱蝶常见于森林溪流旁，经常以腐烂的水果为食。

与翅膀腹面不同，枯叶蛱蝶翅膀的背面色彩鲜艳，有着虹彩般的蓝色斑块和醒目的橙色条纹。全世界总共有大约九种枯叶蛱蝶，除了枯叶蛱蝶本种之外还有另外八个亚种。喜马拉雅山脉是这一种群的多样性中心，在这个地区可以找到多达四种枯叶蛱蝶，其他种类是爪哇岛、苏门答腊岛和安达曼群岛特有的。不同物种之间的差异很小，包括前、后翅上面“滴水状叶尖”的长度和形状，以及翅膀背面的颜色差异，这些差异往往很小。

›› 枯叶蛱蝶翅膀的形状、模仿中脉的标记以及不规则的“霉斑”，使其与干枯腐烂的树叶看起来一模一样

Colias nastes

长斑豆粉蝶

生活在极寒之地的蝴蝶

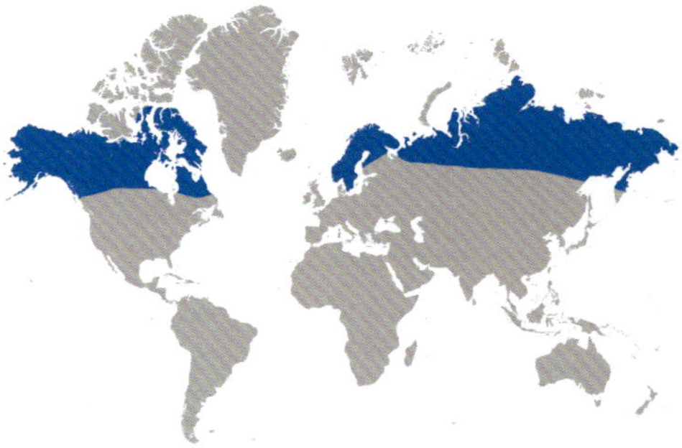

科别	粉蝶科（Pieridae）
显著特征	寒冷地区的黄色蝴蝶
翅展	38—44 毫米
栖息地	冻原中的碎石坡和山顶

长斑豆粉蝶是高山冻原栖息地的专性种，生活在强风肆虐的碎石坡面和山顶上。成蝶只有在阳光明媚且气温高于 7℃时才会飞行。它们会贴近地面快速飞行穿梭在碎石中寻找花朵和寄主植物。

长斑豆粉蝶高度适应在极其寒冷的环境中生活，并且充分利用任何能从环境中获得的温暖。在其演化进程中，这种黄色蝴蝶的种群演化出了不同密度的黑色鳞片，这些黑色鳞片与黄色鳞片重叠交错。颜色较深的个体更活跃，活动距离也更远，因为它们更有能力在北极短暂的夏日阳光中获得并维持较高的体温。

长斑豆粉蝶分布在环极地地区，也出现在北美洲、欧洲的冻原栖息地中，但数量并不多。雌雄两性都会访花，包括紫菀属（*Aster*）和蚤草属（*Pulicaria*）植物，可以观察到雌蝶在它们的豆科寄主植物上盘旋，包括各种冻原黄芪。

长斑豆粉蝶幼虫的生活

雌性长斑豆粉蝶会将卵单独产在寄主植物黄芪属（*Astragalus*）植物的花朵和叶子上。卵在几周内孵化后幼虫便开始进食，在短暂的北极夏日结束和寄主植物凋亡后，它们就停止进食了。很快地，幼虫就在厚厚的积雪下进入冬眠。这种状态可能会持续七到九个月，直到北极的夏天再次来临，幼虫才会重新开始进食。然而，在大多数情况下，两个夏天不足以让幼虫完成生长发育，因此它们被迫以接近成熟的幼虫状态再次度过一个七到九个月的冬季。从第二次冬眠中苏醒几周后，幼虫会在寄主植物上化蛹，成蝶在仲夏时节羽化，然后再次开始新一轮的生命循环。

›› 长斑豆粉蝶适应了山顶和北极地区的环境，那里全年的气候在寒冷到极度寒冷之间变化

BUTTERFLY POPULATIONS
蝴蝶的种群

从个体到群体

蝴蝶在特定地理区域中，作为生生不息的种群的一分子度过其一生。它们的种群有大有小，或分散或聚集，可能分布广泛、占据整个大陆，也可能局限于半亩方塘。蝴蝶的种群大小取决于它们所面临的生存压力及其应对压力的方式。

可预测的种群数量

生活在特定栖息地或地理区域的单一种类蝴蝶个体构成一个种群。在自然状况下，所有能够互相交配和互动的蝴蝶都被认为是同一种群的成员。为了维持种群的生存，它们必须繁殖、克服各种挑战，并适应环境中的微小变化。影响蝴蝶种群健康的因素有很多：在恰当的发育阶段获得寄主植物；是否有蜜源植物；捕食者和拟寄生生物的数量；真菌、病毒和细菌性疾病的存在；极端天气事件等。这些因素中的任何一个变化都可能对蝴蝶物种的多度产生多米诺效应。例如，寄主植物的丰收会导致蝴蝶的大量繁殖，种群密度增加则更容易传播疾病，可能导致疾

« 黄缘蛱蝶是寿命最长的蝴蝶之一，成蝶有时可存活长达一年

➚ 一群来自马来西亚的雄性翠叶红颈凤蝶（*Trogonoptera brookiana*）聚集在水坑旁补充钠元素

病暴发，最终导致种群数量急剧下降。

热带雨林中的物种可能一整年都能持续繁殖，但在那些旱季或寒季明显的地区，蝴蝶的生命阶段可能和季节同步。例如，在温带地区，大多数物种每年只繁殖一到两代。这意味着所有幼虫都必须在同一时间进食。如果某种蝴蝶的卵在初夏时推迟或提前几周孵化，可能就没有足够的树叶食用。全球气候变迁使得植物的生长时间逐年提前，如果越冬卵的孵化时间没法同步跟上，那它们马上就会有大麻烦了。

繁荣与萧条

蝴蝶的种群数量变化通常是周期性的，这意味着它们可能会定期增加、减少，然后再增加。其中原因尚不明确，并且根据物种、栖息地和环境的不同而有所不同。虽然捕食和其他致命因素可能是重要的，但最影响蝴蝶种群数量的往往是非生物因素，包括天气、蜜源植物或寄主植物的取得，以及栖息地的物理性空间与结构。

北美洲和欧洲的小红蛱蝶种群数量呈现有规律的消长。在某些年份，它们在加拿大和英国北部地区相当丰富，而在其他年份则很少。这似乎是它们位于北非和美国西南部沙漠的冬季繁殖地环境造成的。在潮湿的冬季，小红蛱蝶的繁殖地会有大量的寄主植物和蜜源植物，因此种群得以扩张并向北迁移。相反，在干燥的冬天就很少出现种群向北迁徙的情况。

<<　北美麻蛱蝶在地景广阔的北美洲四处巡游，并寻找荨麻丛产卵

>>　当迁粉蝶（*Catopsilia pomona*）的种群数量增多时，它们就会分散开

了解蝴蝶种群

许多蝴蝶种群的存在时间都是短暂的，这可能是因为蜜源和寄主植物等资源的消长。这些物种往往是活动范围较广的郊区物种，比如欧洲的荨麻蛱蝶、孔雀蛱蝶以及北美洲西部的北美麻蛱蝶和安娜红蛱蝶。与那些依赖一年生杂草的蝴蝶相比，利用长寿的多年生寄主植物的蝴蝶，如大部分豹蛱蝶、眼灰蝶和线灰蝶，更容易维持长期稳定的种群。因为蝴蝶的种群每年都会有大幅度的自然变动，所以如果没有多年的观测和数据收集，则很难判断蝴蝶种群是减少还是增长，或是维持稳定。当我们担忧物种数量是否持续减少时，长期观察就变得非常重要了。

近年来，越来越多的科学家得出结论，我们正在经历一场昆虫的灭绝危机。几十年来，不仅仅是蝴蝶，所有昆虫的数量似乎都在下降。然而问题在于，以往大多数研究人员关注点主要在昆虫的多样性，而不是数量上。因此在昆虫数量方面只有少量的旧数据可以跟新数据进行比较，以追溯昆虫的长期趋势。因此执行多年间的昆虫种群数量研究是必要的，这样才能提供一系列种群数量相关参数的分析。

蝴蝶的多度

蝴蝶的多度由许多因素决定，适宜的气候和资源、主要的蜜源和寄主植物等，这些都是必不可少的。试想上一次你见到植物的叶子被贪婪的蝴蝶幼虫啃食殆尽是什么时候？其实除了极少数例外情况，自然界中的天敌（如捕食者、拟寄生生物和病原体）可以防止蝴蝶幼虫和成虫数量突然暴发。这些因素也许能减少蝴蝶之间的竞争，因为像寄主植物这类资源相当有限。

多度的限制

物种的常见性和稀有性是很难评估的：有些物种可能确实不常见，它们的个体在空间或时间上相距甚远；有些物种则可能只是看起来不常见，实际上也许只是因为没有被准确地记录到。例如，许多新热带区系的蚬蝶很少离开树冠层，因此，很少有蚬蝶个体会进入观察者的视野或采集者的网中。这些物种的数量可能非常多，但由于它们的微生境难以接近，其真实数量就成了谜。

有些物种被视为“当地常见”物种。例如，澳大利亚的佳灰蝶（见第242—243页）幼虫以数量有限的相思树属（*Acacia*）植物为食，并且必须得到虹臭蚁属物种的保护。在这两种资源共存的地方，相思树上会有很多幼虫和蛹，虹臭蚁会将这些幼虫和蛹围住。佳灰蝶成蝶大量聚集时就像空中的微型云团。除非你遇见另一个同时具有这两种资源的地点，否则无论你朝哪个方向走，无论走多远（5米，或是100千米），都不会再遇到这种景象。

↗ 凯丽蛱蝶是一种数量上会消长的蝴蝶，有时候在北美洲的西部山区会数以千计地聚集在潮湿的地面上

« 未受干扰的自然栖息地有时能支撑大量的蝴蝶种群发展。当蝴蝶聚集在潮湿的地面上吸取盐分和矿物质时，就会出现非常壮观的聚集现象，如图中的堇蛱蝶和眼灰蝶

入侵活动

小红蛱蝶是北美洲和欧洲最著名的入侵蝴蝶。当北美洲发生蝴蝶大暴发时，大量迁徙的小红蛱蝶可能会造成交通安全隐患，路面上大量被压扁的蝴蝶有时会使道路湿滑，甚至导致道路封闭。

凯丽蛱蝶是北美洲西部另一种种群数量容易大起大落的蝴蝶。与小红蛱蝶不同的是，它的种群数量似乎会对冬季良好的繁殖条件做出反应，我们尚不知道为何凯丽蛱蝶（也是一种迁徙性物种）有时会产生大量的种群，随后又几乎销声匿迹，但它的数量增长似乎与气候无关，或许这可能与来自天敌、拟寄生生物或病原体的压力降低有关。其他相关物种，如黄缘蛱蝶和白矩朱蛱蝶种群也有相似的消长周期，这可能也是与来自天敌不同程度的压力相关。

另一种容易出现种群数量激增的蝴蝶是分布在亚洲和澳大利亚的迁粉蝶。这种蝴蝶的幼虫以多种豆科植物为食，如观赏性相思树。当大量幼虫同时羽化成蝶后，可以看到云朵般成群的黄色蝴蝶朝同一个方向迁徙，这也是它们俗名的由来。

还有一种能形成“暴风雪”似的蝴蝶是娆粉蝶（*Neophasia menapia*，见第178—179页），它原产于北美太平洋西北部地区，偶尔会像冬日暴风雪的雪花一样繁多。这种数以百万计的、飞行能力较弱的白色蝴蝶有时会装点俄勒冈州和华盛顿州的大片松林，并可能被气流带到数百千米外没有松林的地区。娆粉蝶的暴发可能每隔30或40年才会发生一次，在大多数年份里，它们的种群数量都很小。

›› 在热带地区，色彩斑斓的蝴蝶聚集在潮湿的地面上是常见的景象，如图中的泥黑珍蝶（*Altinote negra*）

↰ 在亚洲部分地区，青斑蝶（*Tirumala limniace*）在迁徙之前和迁徙期间会大量聚集

集合种群

集合种群是相对独立的地理区域内各局部种群的集合。深入了解集合种群网状脉络的生物学基础对于研究蝴蝶的生态学、演化和保护至关重要。蝴蝶的集合种群由分布在各地的多个独立种群组成，这些种群之间通常彼此相连，这意味着个体会在各种群之间迁移。

种群联系的重要性

蝴蝶种群无法长久地孤立存在，它或许能存活一段时间，但最终还是需要遗传多样性才能繁盛。要做到这一点，个体需要在不同种群间迁移。因此，整个物种的集合种群在其地理分布区内的可持续性，对于有效的保护工作至关重要。

在集合种群中，个体在种群之间的迁移远比在种群内部的移动更少见，也更困难。这种空间上的组织习性有几点好处。例如，当一种致命病毒快速传播，它可能会消灭某个种群中的所有个体，导致该区域种群全军覆没，但是种群间移动的困难保护了其他种群不被其感染；或者，一只到处游荡、已经交配过的雌蝶可能会在原有种群灭绝的区域产卵并重新繁衍，它也许来自免疫力更强的种群。

<< 有机农田可以通过使用阡陌间的开花植物作为地面覆盖植物，替蝴蝶创造更友善的环境，这些植物可以提供花蜜或作为寄主植物

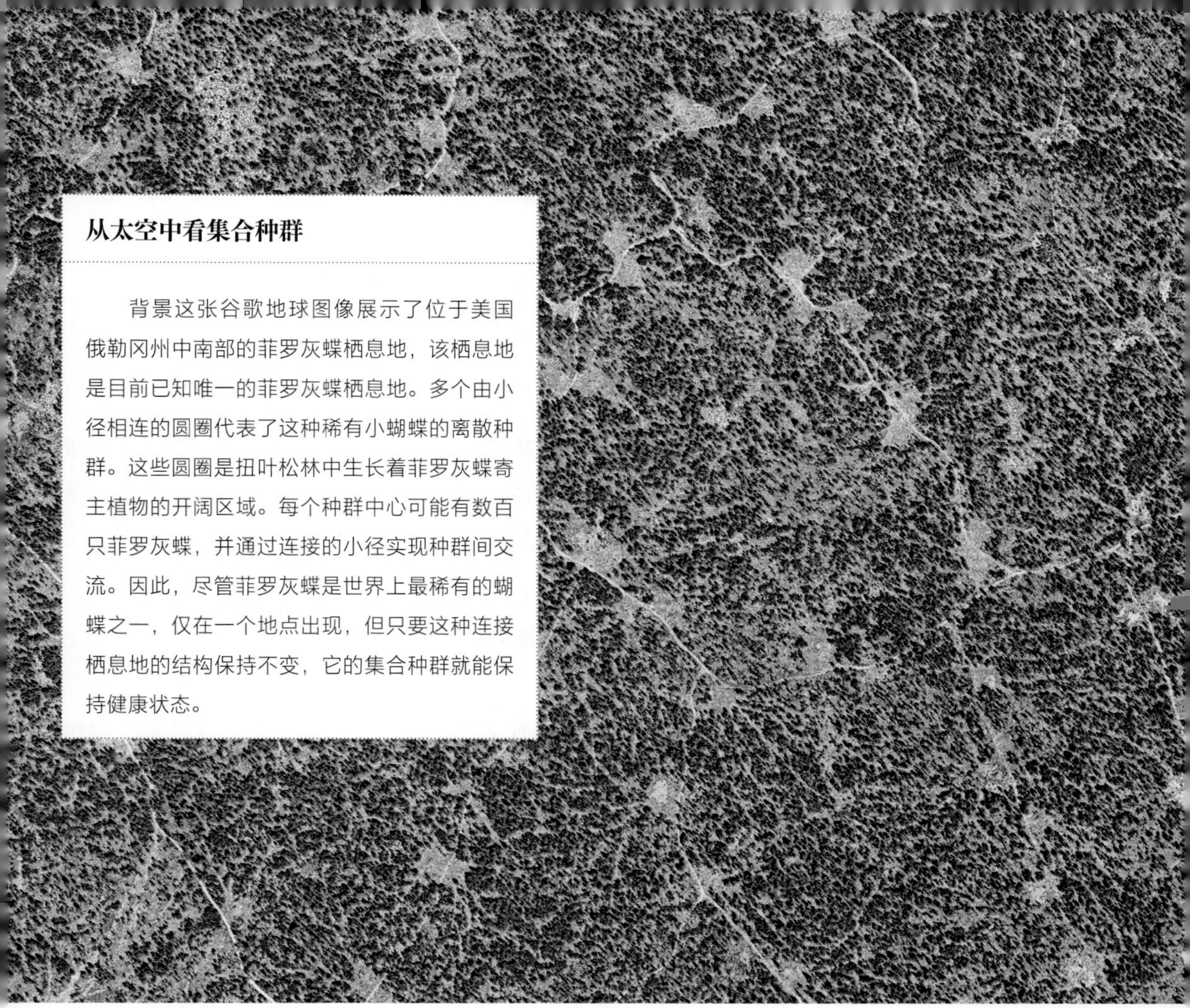

从太空中看集合种群

背景这张谷歌地球图像展示了位于美国俄勒冈州中南部的菲罗灰蝶栖息地，该栖息地是目前已知唯一的菲罗灰蝶栖息地。多个由小径相连的圆圈代表了这种稀有小蝴蝶的离散种群。这些圆圈是扭叶松林中生长着菲罗灰蝶寄主植物的开阔区域。每个种群中心可能有数百只菲罗灰蝶，并通过连接的小径实现种群间交流。因此，尽管菲罗灰蝶是世界上最稀有的蝴蝶之一，仅在一个地点出现，但只要这种连接栖息地的结构保持不变，它的集合种群就能保持健康状态。

如今欧洲大部分地区以农业为主导，蝴蝶种群可能栖息于汪洋般农田里的零星自然生境内。但只要蝴蝶个体能在这些农作物之间的自然栖息地中自由穿梭，被分隔的种群就能继续生存下去。与零星的小种群相比，如果这些自然生境的区块岛足够大，那么它就能维持、承载更多种群的稳定发展。

在欧洲碎片化的地景和北美洲重度耕作区中生活的小型蝴蝶种群可能有灭绝的风险。然而，如果存在与其他繁盛的种群相连的栖息生境，那么它们就仍然有继续存活的潜力。大面积的栖息地能够承载大规模的种群，小面积的栖息地则只能支撑较小规模的种群。然而，栖息地一旦被隔离，近亲繁殖或偶然的灾害就会让种群走向灭亡。人类的农业活动和发展已经在全球大部分地区将蝴蝶的自然栖息地切割得支离破碎。因此，通过生态廊道将碎片化的生境连接起来，对于维持健康、可持续的集合种群相当重要。依据物种的不同，这些生态廊道可以是树篱、溪谷或森林带。

蝴蝶的迁徙

有些蝴蝶是出色的飞行家，有些则不然。远距离迁移对于集合种群网的活力至关重要。这种迁移通常被称为“扩散”，它帮助蝴蝶物种“扩散”到更适宜的栖息地。当动物进行长距离的往返迁移时，这种行为则被称为迁徙。

⌃ 君主斑蝶的西部种群从加拿大和美国的落基山脉以西地区迁徙至加利福尼亚州，它们会在那里的沿海栖息地越冬，其沿海栖息地数量多达400个

长距离迁徙者

许多在北美洲或欧洲的夏季出现的鸟类，会在温度下降时飞往地球的另一端越冬。有些蝴蝶也会进行类似的长距离迁徙，但它们之间有一个关键区别，可以解释为什么真正的迁徙现象在昆虫当中并不常见。鸟类的寿命长达数年，年轻的个体会向年长的亲属学习迁徙路线。但对于蝴蝶来说，并不存在学习迁徙路线的可能性，因为蝴蝶的寿命非常短暂，没有个体能够完成大于一次的迁徙旅程。实际上，大多数蝴蝶甚至无法完成整个往返旅程，这通常需要几代个体才能完成。飞往南方越冬的蝴蝶会死去，而它们的子代（或子代的下一代）会在第二年春天飞回北方。这意味着整个迁徙路线以及所有导航技能必须具有遗传性。而且，由于迁徙可能需要至少两个世代来完成，新羽化的蝴蝶需要“知道”自己在迁徙循环中的哪个阶段，以便选择正确的飞行路径。君主斑蝶的夏季世代不迁徙，且寿命远远短于迁徙世代。

真正的蝴蝶旅行家以其长距离跨越不同国家和大陆迁徙而闻名，其中最著名的便是君主斑蝶和几乎遍布全球的小红蛱蝶。

这两种蝴蝶在秋季飞行 3000—5000 千米抵达它们的越冬地。北美洲东部的君主斑蝶从加拿大飞往墨西哥中部的山脉越冬。在欧洲，小红蛱蝶从英国和欧洲大陆北部飞往撒哈拉沙漠以南非洲度过冬季。君主斑蝶可以看到偏振光，并且能够通过感应地球磁场来辨别方向。除此之外，它们还利用太阳作为导航罗盘，自动调整每天在空中的位置。这两种蝴蝶在迁徙途中都有一部分时间在高海拔地区飞行。曾有滑翔机飞行员观察到君主斑蝶在 3300 米的高度向南迁徙，欧洲的雷达也曾监测到小红蛱蝶在 500—1000 米的高空利用气流飞行。研究人员仍在研究小红蛱蝶迁徙的具体细节，目前我们已知的是，君主斑蝶每晚都会回到地面吸食花蜜并休息，有时还会聚集在一起。

蝴蝶的迁徙现象并非仅局限于小红蛱蝶和君主斑蝶，许多其他蝴蝶的迁徙行为鲜为人知，这往往是因为它们的迁徙现象没有那么引人注目。在欧洲和北美洲的优红蛱蝶也有迁徙习性，尤其是在春季。每年春季，优红蛱蝶有时会突然大量出现在北方地区，

⌃ 台湾的斑蝶类，如图中的青斑蝶，会迁徙到台湾岛最南端越冬

北美洲西部和澳大利亚的君主斑蝶

君主斑蝶同样出现在落基山脉以西。根据2012年至2022年间的标记，研究人员发现，这部分种群会迁徙大约1000千米抵达加利福尼亚州沿海的多个越冬地。其中一些越冬地还是著名的旅游景点，如皮斯莫比奇和帕西菲克格罗夫。虽然加利福尼亚州的君主斑蝶种群数量远少于墨西哥的越冬种群，但在加利福尼亚州某些地区，几棵树上就能栖息多达20,000只君主斑蝶，那景象令人叹为观止。

君主斑蝶于1870年通过“跳岛”的方式穿越太平洋从北美洲迁徙到澳大利亚，并很快适应了当地的环境。在澳大利亚的亚热带地区，它们全年繁殖，但在偏温带的地区，如新南威尔士州，它们演化出了与北美洲种群略有不同的迁徙和越冬行为。在澳大利亚，君主斑蝶的迁徙规模较小，一般迁徙距离为几百千米，越冬地点主要在悉尼盆地。它们的这些行为比北美洲的君主斑蝶种群更具灵活性，因为澳大利亚的气候普遍较为温暖，不需要像在北美洲那样，逃离内陆的寒冬。

这说明可能存在迁徙流入的现象。斑蝶类物种，包括君主斑蝶在内，尤其有迁徙的倾向。例如，大绢斑蝶（*Parantica sita*）会常规性地在日本和中国台湾之间跨越数百千米的海域迁徙。在台湾岛内，多种紫斑蝶类会迁徙至岛屿南端，它们在那里就像在墨西哥的君主斑蝶一样，集成大群越冬。

迁徙的目的

迁徙的蝴蝶是昆虫界的“旅行家”。然而，与人类旅行家不同，蝴蝶的“旅行”对生存至关重要。蝴蝶迁徙是为了寻找具有更适宜的温度的地方，以便成功繁殖，同时也为后代寻找必需的食物资源。小红蛱蝶和君主斑蝶在抵达越冬地后的行为有所不同。小红蛱蝶一旦到达撒哈拉沙漠以南非洲就开始随机繁殖，从 12 月到次年 2 月会繁殖一到两代。然后，随着日照时间变长，小红蛱蝶种群开始向北迁徙。与向南迁徙不同，向北迁徙是由多个世代交替重叠完成的。

相比之下，君主斑蝶在墨西哥高地的越冬期是以半休眠、非繁殖的状态度过的，数以百万计的蝴蝶聚集成群，栖息在神圣冷杉（*Abies religiosa*）上。就像小红蛱蝶一样，它们采用多世代的策略在春季重新在美国和加拿大繁殖。能够完成全程长达 7000 千米往返迁徙的个体极为罕见。

« 通过对君主斑蝶进行标记，昆虫学家对这一标志性物种在北美洲和澳大利亚的迁徙生态学有了较为深入的了解

» 幻紫斑蝶（*Euploea core*）及其近缘蝶类会随着季风雨在印度的东西海岸之间迁徙

⌃ 爪哇贝粉蝶在澳大利亚东部长距离迁徙，迁徙原因目前尚未查明

雷达和标记

我们通过不同的方式来了解蝴蝶的迁徙。小红蛱蝶的迁徙动态是近几年才通过公民科学和雷达观测得出结论；而数十年来对君主斑蝶使用小型黏性标签进行标记，非常成功地提供了蝴蝶个体及其移动的数据。

小红蛱蝶同样会出现在北美洲，它们在北美大陆上也有类似的季节性迁徙，但这些迁徙的细节仍然鲜为人知。小红蛱蝶冬季在墨西哥和美国南部繁殖，而在某些年份，我们可以看到大量种群向北迁徙。

垂直迁徙

一些蛱蝶类，如北美洲西部的黄缘蛱蝶和北美麻蛱蝶，会进行垂直迁徙。这种迁徙行为似乎是它们对春季升温的一种反应，此时这些物种会突然从低海拔地区“消失”，出现在高海拔的山地草甸。也有证据表明，这些蝴蝶会在秋季向低海拔地区迁徙。

美国华盛顿州的阔斑豹蛱蝶是垂直迁徙的绝佳例证之一。在春季的灌丛草原生境中，

‹‹ 红点豆粉蝶（*Colias croceus*）每年从北非和南欧迁徙到英国和北欧。与许多迁徙物种一样，红点豆粉蝶往往集群迁徙，大群个体像黄色的云雾一样从海上飘来

›› 褐小灰蝶是世界上最小的蝴蝶之一，但它们每年夏天都能从美国南部迁移到北部地区

这种蝴蝶的幼虫以三脉叶堇菜（*Viola trinervata*）为食，成虫在五月出现。到了六月，灌丛草原变得晴朗炎热，地表开始变得干燥。这时，阔斑豹蛱蝶会展翅迁徙至约 100 千米外的喀斯喀特山脉，在那里度过七月和八月，在高山草甸上啜饮花蜜。八月底，它们会再次返回灌丛草原，并在三脉叶堇菜生长的地方产卵。

神秘的迁居现象

大多数科的蝴蝶都会大规模地迁徙，但许多蝴蝶物种的迁徙行为尚未得到充分的研究。例如，在澳大利亚，人们会不时地看到成群飞行的爪哇贝粉蝶（*Belenois java*）形成云团般的景象。关于它们如何迁徙、为何迁移，它们来自何处以及前往何方的具体细节，我们目前尚不清楚。据推测，与大多数迁徙的蝴蝶一样，它们迁徙的原因可能与躲避不利天气或寻找新的寄主植物资源有关。

即使是世界上最小的蝴蝶之一——北美洲的褐小灰蝶，每年夏天也会从南方的常年繁殖地向北迁徙。这个物种的个体如何完成迁徙仍然是个谜，但考虑到它们的迷你体形，有研究人员猜测它们很可能借助高空气流进行迁徙。

↖ 数百万只君主斑蝶在墨西哥中部高海拔地区的冷杉树上栖息越冬。在晴朗的日子里，它们可能会集体展翅而起，布满天空

↗ 爪哇贝粉蝶幼虫会将它们的寄主植物刺山柑（*Capparis spinosa*）的叶子啃食干净，新羽化的成蝶则飞向空中，开始它们神秘的迁徙旅程

Vanessa cardui

小红蛱蝶

美丽的旅行家

科别	蛱蝶科（Nymphalidae）
显著特征	具有珊瑚粉到橙色的蝴蝶，翅膀上有黑白相间的纹路
翅展	70—75 毫米
栖息地	从都市环境到山顶到处可见

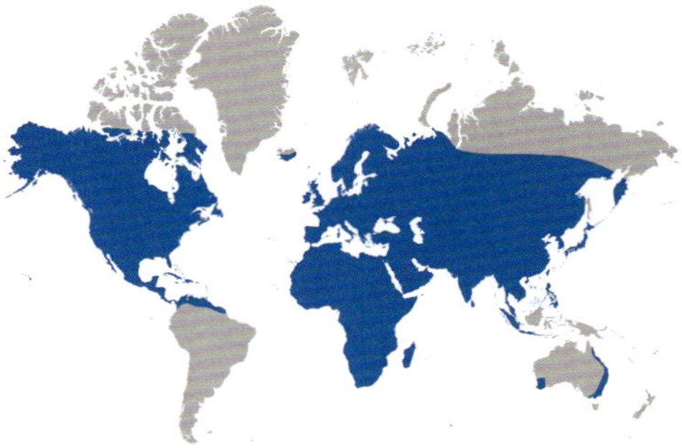

长距离迁徙是小红蛱蝶生活史中的重要组成部分。该物种分布于除南极洲以外的所有大陆，不过其分布范围在南美洲和澳大利亚较为有限。

每年秋天，北欧的小红蛱蝶都会长途跋涉 5000 千米，前往包括乍得、贝宁和埃塞俄比亚在内的撒哈拉以南的非洲国家。这些迁徙飞行完全依赖于花蜜提供的能量和风力辅助，导航系统由仅有一个针头大小的脑部负责，飞行工具则是由硬化蛋白质构成的薄如纸片的翅膀。这些迁徙的部分行程是在夜间进行的。

在非洲，小红蛱蝶产生一到两代幼虫后，新的成蝶开始向北迁徙。这种北向迁徙由多个世代的蝴蝶接力完成，最终它们在初夏抵达欧洲西北部。小红蛱蝶在亚洲及世界其他地区的迁徙模式，目前我们仍所知甚少。

不挑食

雌性小红蛱蝶在寻找产卵地点时偏好蓟类植物，但它们并不挑剔，因为它们幼虫的食物种类超过 100 种，锦葵科（Malvaceae）、菊科（Asteraceae）蓟属（*Cirsium*）和紫菀属植物都是小红蛱蝶幼虫偏好的寄主植物。不过，小红蛱蝶有时候会集体在大豆田中产卵，幼虫随后以豆科植物为食，这会造成一定的经济损失。这种能够利用多种寄主植物的能力，是小红蛱蝶在世界范围内成功“拓殖”的关键原因之一。小红蛱蝶幼虫甚至还可以食用人工合成的食物，比如由琼脂和磨碎的锦葵叶制成的人工饲料。

小红蛱蝶幼虫

小红蛱蝶幼虫以多种不同的植物为食，包括豆科、锦葵科、羽扇豆属、荨麻属（*Urtica*）、蓟属以及其他栽培植物。

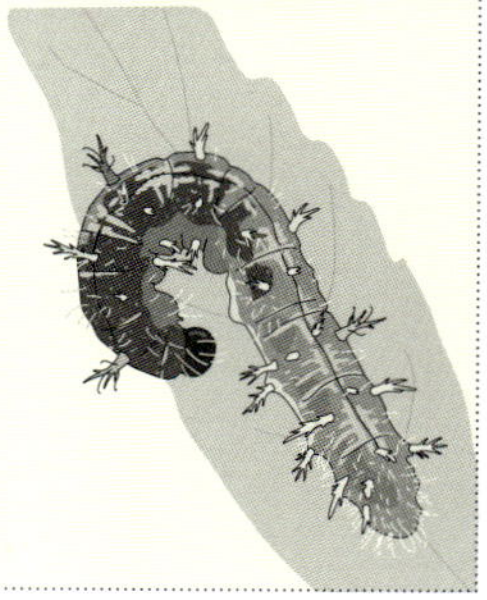

小红蛱蝶是蝴蝶界中最著名的“环球旅行者”之一，除了南极洲以外，它在所有大陆均有分布

Danaus plexippus

君主斑蝶

蝴蝶的模范代表

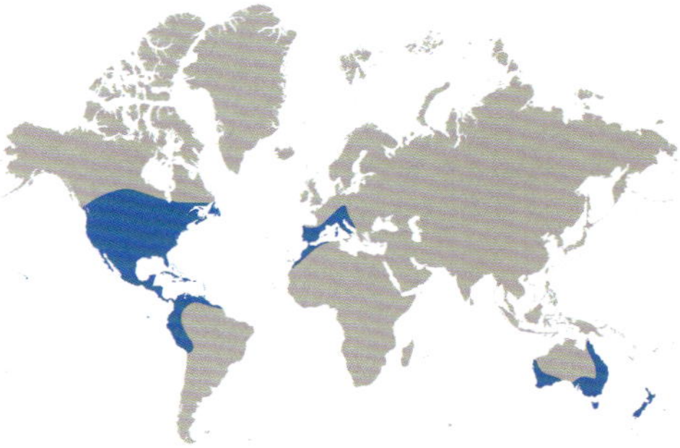

科别	蛱蝶科（Nymphalidae）
显著特征	具有黑、橘、白色彩鲜明的蝴蝶
翅展	76—102 毫米
栖息地	几乎所有的开阔生境，特别是滨水的河岸消落带

若要选用一种蝴蝶来描绘儿童书籍的插图、当作产品广告的象征、作为文身图案，或是象征婚姻、出生、死亡，答案无一例外都是君主斑蝶。君主斑蝶确实是全世界最具代表性的蝴蝶之一。

君主斑蝶之所以闻名于世，主要因为它们每年秋季都会从北美洲东部向墨西哥进行壮观的洲际迁徙。这些迁徙个体去往何处一直都是个谜，直到 1976 年的冬天，数百万只君主斑蝶在墨西哥中部高地的神圣冷杉上被发现，这一惊人发现的照片荣登《国家地理》杂志的封面。如今我们知道，来自北美洲东部的君主斑蝶种群覆盖了 3 万至 18 万平方米范围内的所有树木，据估算，每 1 万平方米的树林中可能有 5000 万只君主斑蝶。然而，由于栖息地的丧失、气候的变化以及在这一区域内的伐木活动，飞往墨西哥越冬的君主斑蝶数量正在减少。在美国西部和澳大利亚新南威尔士州也存在较小规模的君主斑蝶迁徙种群。这两个案例中，君主斑蝶都是从内陆地区迁徙到靠近海岸的树上越冬，通常是桉树。大量基因组学和神经生物学研究致力于揭示这种神奇昆虫定位与导航系统的内在机制。

服毒自保

君主斑蝶幼虫以马利筋属（*Asclepias*）植物为食。马利筋的乳白色汁液含有有毒的强心苷，这是一种会扰乱细胞内外钠离子和钾离子流动的类固醇，对大多数动物都是有毒的。君主斑蝶和它的近缘类群对这种化合物具有强大的免疫性，因为它们拥有少量的突变，可以阻止强心苷的毒性对它们产生影响。取食马利筋属植物的幼虫会在体内积累这些毒素，它们通过鲜明的黑、黄、白色条纹警示潜在捕食者自己有毒、并不好吃。这些毒素会被带到成虫阶段，那些醒目鲜明的黑、橙、白三色正是向敌人发出的警告：吃了我可能会让你命丧黄泉。

君主斑蝶是全球著名的蝴蝶之一，它的形象影响着人类生活的诸多方面，包括书籍、广告、电视节目和电影等。君主斑蝶的图案也是文身艺术中非常热门的题材

Elymnias hypermnestra

翠袖锯眼蝶

值得注意的“双重拟态”现象

科别	蛱蝶科（Nymphalidae）
显著特征	在拟态上具有地域差异
翅展	50—70 毫米
栖息地	从低地森林至海拔 1000 米的开阔地区

翠袖锯眼蝶广泛分布于亚洲热带和亚热带地区。根据当地环境，雌性翠袖锯眼蝶可以通过开启或关闭某种“遗传开关”，来模拟一组有毒物种或另一组有毒物种。

几乎所有锯眼蝶都是完美的贝茨拟态者，它们外形酷似有毒的“模式”物种。翠袖锯眼蝶是类群中数量最丰富和分布最广的物种，并被认为是“双重拟态者”，因为翠袖锯眼蝶的雌性和雄性可以分别模仿不同的模式物种。一般情况下，雄性锯眼蝶模仿深色的紫斑蝶属（*Euploea*）成员，雌性锯眼蝶通常模仿橙色的斑蝶属（*Danaus*）成员。然而，翠袖锯眼蝶的拟态情况更为复杂。在某些地方，雌性翠袖锯眼蝶也会像雄性一样模仿紫斑蝶。例如，在印度、泰国和爪哇，雌性翠袖锯眼蝶呈橙色；而在加里曼丹岛、中国台湾和小巽他群岛，雌性翠袖锯眼蝶则是深色的。这种橙色与深色之间的转换似乎仅由整个基因组中的两个 DNA 碱基决定。这些 DNA 核苷酸很可能作为开关，激活一组基因用于形成深色的雌性翅膀，或是开启另一组基因，将雌性翅膀变为橙色。

飞行中的拟态

值得注意的是，翠袖锯眼蝶似乎只有翅膀背面具有拟态特征，而翅膀的腹面则是斑驳的，且形似树皮。休息时它们会停栖在树干上，翅膀暗晦，与背景融为一体。它们的翅膀薄、透，飞行时，我们能看到背面的色素透到腹面。因此，它们在飞行时像是拟态，在停栖时则是伪装。

翠袖锯眼蝶幼虫取食各种棕榈科（Arecaceae）植物，包括热带城市景观中使用的观赏性种类。成蝶从不远离棕榈树，你可以在一些人口密集的亚洲城市中发现它们的身影。成蝶偏好取食腐烂的果实，这些腐果有时会将它们从茂密的棕榈丛中引诱出来。

›› 一只翠袖锯眼蝶停栖在新加坡某棵树的树叶上。该物种的所有雄蝶都很像有毒的紫斑蝶，有的雌蝶也很像

Aglais io

孔雀蛱蝶

翅膀的图案像孔雀的羽毛

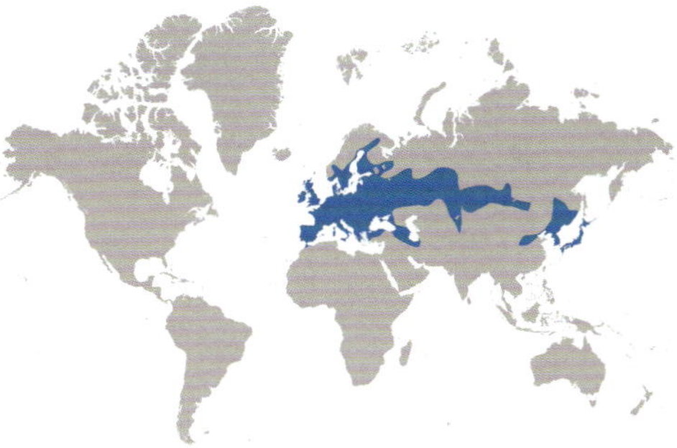

科别	蛱蝶科（Nymphalidae）
显著特征	翅膀上具有引人注目的大型眼斑
翅展	55—63 毫米
栖息地	庭园、草地、公园与开阔森林等

孔雀蛱蝶之名来源于它每片翅膀背面的单个眼斑，这些眼斑酷似孔雀尾羽上的图案。当孔雀蛱蝶的翅膀突然展开时，这些鲜艳夺目的眼斑会给人一种视觉冲击，这也是它们吓退鸟类捕食者的有效策略。

孔雀蛱蝶是一种大胆且令人惊艳的美丽蝴蝶，是少数能从更干燥、温暖的夏季中获益的种类之一。它的分布范围已经向北扩展，目前在欧洲原产地的较高纬度地区也很常见。这一成功还得益于它的寄主植物异株荨麻分布广泛而且生长良好。

冬眠

孔雀蛱蝶冬眠时通常选择棚子或外屋的天花板。这些地方可以在最恶劣的冬季天气中使它们免受寒风和低温的侵袭。

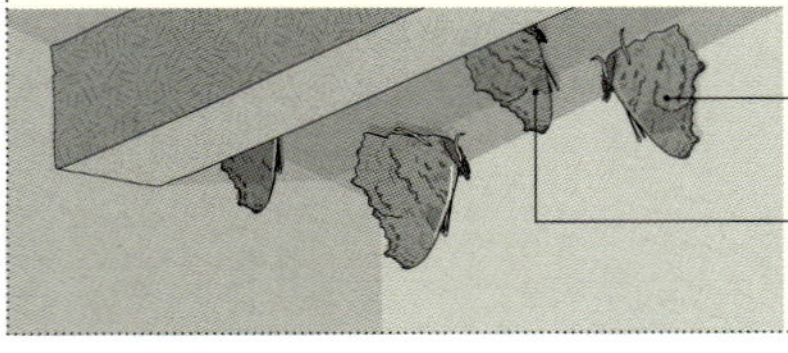

威慑啮齿类天敌

夏末的孔雀蛱蝶会花费大量时间吸食花蜜以及地面腐烂水果中的发酵糖分，将其转化为脂肪储存起来，以备后续提供能量。这是一个非常聪明的策略，因为在冬季三到四个月的时间里，它们会躲到凉爽阴暗的地方，如地下室、车库、棚屋或树洞中，如同冬眠的熊一样，储存的脂肪会帮助越冬的孔雀蛱蝶存活下来。然而，黑暗中也潜伏着危险，饥饿的啮齿类动物会来寻找富含脂肪和蛋白质的“点心”。尽管孔雀蛱蝶深黑色的后翅表面能让它在黑暗中几乎隐形，但啮齿类动物仍能嗅到它们的气息。不过，熟睡中的孔雀蛱蝶自有其吓人的招数，包括抖动翅膀、发出嘶嘶声和超声波咔嗒声。这种声波和超声波的攻击通常能够奏效，吓得啮齿类动物落荒而逃。

孔雀蛱蝶这个名字起得恰如其分，每片翅膀上都有一个大型眼斑，如同孔雀尾羽上的斑纹。它会快速扇动翅膀，利用这些眼斑来吓唬那些没经验的鸟类和啮齿类动物

Neophasia menapia

娆粉蝶

松树林中的白色蝴蝶

科别	粉蝶科（Pieridae）
显著特征	数量会大量暴发的白色蝴蝶
翅展	45—50 毫米
栖息地	松林

娆粉蝶是一种数量消长非常明显的蝴蝶。在大多数年份里，它几乎不怎么引人注意，在松林中仅能看到一两只，缓慢地在树冠间穿梭。然而，每隔三四十年，它的种群数量就会暴发性增长，化为一场“蝴蝶暴风雪”。

娆粉蝶是美国西北部的一种蝴蝶，偶尔会有一两只在松林栖息地中围绕树冠飞来飞去。然而，每隔三四十年，情况就会发生一些改变。一些造成常规性死亡的生存压力消失了，这种压力原本只能确保极少数蝶卵孵化并成长至成年，而突然之间，几乎所有卵都能发育成幼虫，最终羽化成蝶，一场“蝴蝶暴风雪”由此诞生。数以百万计的娆粉蝶布满了松林和天空，它们被抬升至大气层较高处并且乘风而行，有时会降落在没有松树的地方。这样的种群大暴发可能持续两到三个季节，然后，就像它们的突然出现一样，又突然地消失了。最后只留下成千上万棵失去针叶的松树矗立着，它们全被饥饿的娆粉蝶幼虫大军啃食殆尽了。幸运的是，大多松树能在这场侵袭中存活，并在接下来的几十年不会再受娆粉蝶的骚扰。

酷似松针的幼虫

很少有蝴蝶幼虫以针叶树为食。娆粉蝶和它的姐妹种黑室娆粉蝶（*Neophasia terlooii*），是全球唯二能够取食开花植物以外寄主植物的粉蝶科成员。此外，娆粉蝶幼虫还是伪装大师，它们看起来就像其所栖息的松针。这种惊人的伪装让它们很难被发现，尽管有些鸟类可能已经学会了如何侦测它们。其他潜在捕食者，如蝽类等昆虫，它们利用气味和声音寻找猎物。但有一样东西是娆粉蝶幼虫和卵无法躲避的，那就是病原体，如细菌、病毒和真菌。或许在“正常”条件下，正是这些病原体维持着娆粉蝶的种群数量？

›› 娆粉蝶在大多数年份里都轻柔地在松树冠部飞舞，几乎不会被人们注意到，直到种群数量激增，仿佛一场突如其来的暴风雪

BUTTERFLY SEASONALITY

蝴蝶的季节性

冬眠：熬过寒冬

蝴蝶的冬眠与熊的冬眠同样令人惊叹。蝴蝶能通过改变自身的生理状态，使得成虫、卵、幼虫或蛹能够在冬季进入一种“假死”的状态，安然度过寒冬。

冬季滞育

世界上大多数蝴蝶都生活在热带地区，从未经历寒冷的气候。能够承受对生存不利的低温条件，对昆虫而言是重要的创新，这使得一些蝴蝶在温带地区得以生存。例如，在世界各地的热带地区可以找到近 170 种斑蝶。尽管它们已遍布全球，但都没有演化出抵御极寒温度的能力。斑蝶中只有一种可以在温带气候中生存，这种斑蝶每年都要迁徙数百千米来躲避寒冬，它就是君主斑蝶。然而，在每年都会结冰的地区还能生存的大多数蝴蝶，都可以通过冬眠生存到第二年。昆虫的冬眠是一种生理状态，这一状态被称为滞育，特征是新陈代谢速率下降和基础生化反应剧烈变化。这与蝴蝶在低温时期或夜间的简单休眠或不活动有所不同，滞育是一种严格受控的机制，它受基因调控或由环境条件所诱导。

某些蝴蝶的基因决定了它们会在每年的同一阶段、同一时间进入冬季滞育期。不同种类的蝴蝶以成蝶、卵、幼虫或蛹的不同阶段越冬，这些蝴蝶通常是在短时间就能适应生存环境的物种，它们在北极或高山栖息地的环境中没有时间在一年内繁育超过一个世代。例如，生活在高山地区的田鼠绢蝶，它们处于滞育中的卵无论在什么温度下都不会在冬天前孵化。这些卵被设定保持滞育状态，直到经历过一段寒冷的冬季低温——通常是 2—8 个月。一旦经过了必要的寒冷期，“生理开关”就会启动，让卵在足够温暖时开始发育。

滞育的成蝶、幼虫和蛹也拥有同样的耐寒机制。越冬期的大多数蝴蝶通常在一年中白昼最短的那天之后开始发育。

›› 掩埋在冬雪里的田鼠绢蝶滞育卵，直到在春日暖阳的刺激下，它们才开始孵化

滞育状态下的刚孵化的豹蛱蝶幼虫

大多数豹蛱蝶幼虫会在孵化后立即进入冬季滞育状态。在这种状态下，它们既不活动也不进食，有时会躲藏在它们的寄主植物堇菜开裂的种荚里。

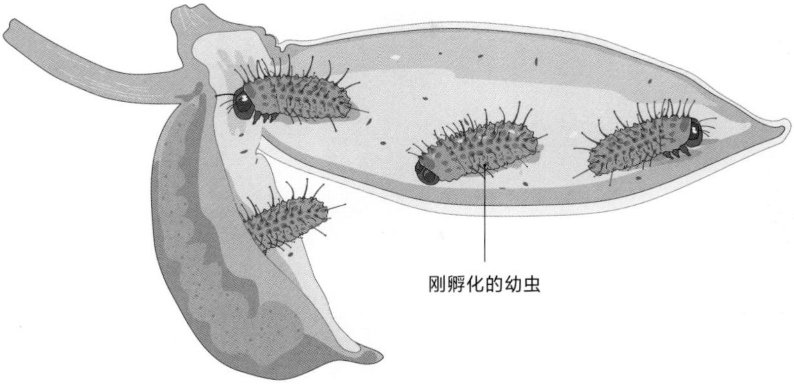

环境信号

有些物种在大多数年份只产生一个世代，它们没有固定的滞育期，这些物种以及一年两代或更多代的物种的滞育由环境决定。诱导蝴蝶冬季滞育最重要的环境信号是昼长缩短和温度下降。其他信号，如寄主植物的衰老，也可能对某些物种产生影响。

额外的世代

某些物种的滞育是由环境决定的。如果环境条件适宜，只有一个世代的蝴蝶也可能有机会"偷偷"多繁育一代。昼长及其变化的速度是季节变化最可靠的指标，也是蝴蝶最常使用的信号。如果春季气温高于平均水平，使得某些蝴蝶能够比正常情况下更快完成幼虫阶段的发育，那么仍在增加的昼长可能预示着有机会完成另一个世代。

分布于北美洲西部的紫点帘灰蝶（*Tharsalea helloides*，见第200—201页）是一个很好的例子。紫点帘灰蝶在一年中可能会繁育一到三个世代，这取决于该种群所处的环境。六月羽化的雌蝶会产下非滞育卵，下个世代的成蝶就会在八月羽化。这些八月出现的成蝶可能会产下滞育卵，也可能产下非滞育卵。在漫长的夏季，非滞育卵会繁衍出第三代的成蝶，如果夏季很快结束，那么这一代将无法成功存活，而八月的成蝶产下的滞育卵则

↙ 紫点帘灰蝶是一种"机会主义"蝴蝶，从春季到秋季，它们会尽可能地繁衍更多世代

↓ 英国温暖的夏天欺骗了毛眼蝶，诱使其产下了一个无法存活的世代

越冬的堇蛱蝶幼虫

在夏末或秋季，一些堇蛱蝶幼虫会在地面的枯叶下建一个丝质巢或庇护所过冬。到了温和的晚冬，它们会爬到巢穴顶部晒太阳。

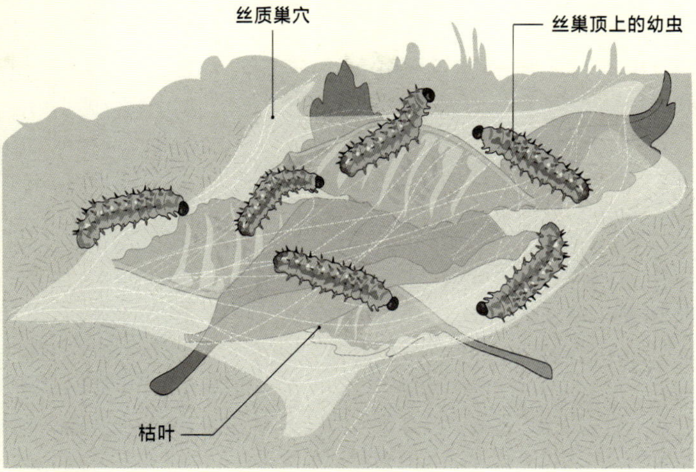

能确保种群延续到下一个生长季节。

有时候蝴蝶会选择孤注一掷，比如英国的毛眼蝶（*Lasiommata megera*）。在内陆地区，某些年份的夏季较为温暖，这使得一年通常有两个世代的毛眼蝶试图在秋季多繁殖一代。但在大多数年份里，这种尝试以失败告终，因为寒冷的天气阻碍了其幼虫的发育。这导致曾在英格兰中部地区很常见的毛眼蝶的物种数量大幅下降，甚至局部灭绝。

寻找冬日居所

滞育的卵和蛹各自在雌蝶或幼虫选取的小生境中越冬。滞育的卵通常被产在枯死的寄主植物上，或附着于小树枝、岩石等表面。越冬蛹则通常形成于地表附近、地面缝隙中或树枝上。不论在哪种情况下，卵和蛹都具有隐蔽性，可以降低被饥饿的鸟类或啮齿类动物发现的概率。

在夏末或秋天，蝴蝶幼虫逐渐进入滞育状态，它们会寻找安全的越冬巢并在那里度过冬天。比较常见的越冬巢包括卷曲的叶子、种荚和岩石或土壤的裂缝。一些堇蛱蝶幼虫会在地上的丝巢中集体越冬。

当你在欧洲早春的某一天看见一只外表洁净的孔雀蛱蝶或荨麻蛱蝶正在享受阳光时，往往很难相信它从上一个夏季开始就已经是成蝶了。在度过了静谧的夏末和秋季，从花蜜、树液和掉落的发酵果实中悄悄积蓄糖分后，这种蝴蝶会在昏暗寒冷的冬季里，选择阴暗的棚屋或树洞冬眠。它们会在这期间维持最小的能量消耗，在春天苏醒时，看起来就跟刚进入冬眠滞育时一样完整。

夏眠：在夏季休眠

有些蝴蝶会觉得夏季过于酷热难耐，因此选择在阴凉处睡觉来度过这段时间。有些蝴蝶以成虫的形式夏眠，有些则以幼虫或蛹的形式度过炎炎夏日。就像炎热天气中的狗狗会寻找阴凉处休息一样，所有阶段的蝴蝶都会避免在盛夏时节活动和发育。

应对高温

对于地中海气候地区的蝴蝶来说，熬过炎热干燥的夏季并存活下来和度过寒冬一样具有挑战性。白天的温度连续几周或几个月都超过 35℃，而且几乎没有降雨，这会大幅降低寄主植物和花蜜的供应量。因此，对于在这些栖息地生存的蝴蝶来说，在夏季暂停活动显然是明智的选择。

›› 澳大利亚的浓框眼蝶是一种在幼虫和成虫阶段都会休眠的蝴蝶。雌蝶有夏季生殖休眠现象，幼虫有冬季休眠现象

蝴蝶在冬季休眠称为冬眠，在夏季休眠则称为夏眠。这两种休眠的特征都是生理上的滞育，夏季的滞育会抑制蝴蝶的发育或活动（或二者兼而有之），直到度过高温天气。如同冬眠一样，昼长的变化也是诱发夏眠的重要信号，同时温度的升高和植物的衰老也会起到诱导作用。当昼长逐渐缩短，温度开始下降时，这些信号便会诱导蝴蝶结束休眠。

在北美洲西部，初夏羽化后便会夏眠的蝴蝶包括各种大型豹蛱蝶、眼蝶族物种以及黄缘蛱蝶（见第 194—195 页）。黄褐斑豹蛱蝶（*Argynnis cybele*）在六月羽化，雌蝶羽化后便会立即在森林中寻觅休息场所，然后“消失”到八月底；雄蝶则在整个夏季都很活跃，似乎不太受炎热高温的影响。夏眠的雌性黄褐斑豹蛱蝶不会繁殖，直到夏末之后它们的卵巢才会发育。夏季的高温期之后，环境更加湿润，提高了黄褐斑豹蛱蝶卵和幼虫的存活率。

二次休眠

黄缘蛱蝶是另一种在六月羽化后保持低调的物种，雌蝶和雄蝶羽化后都会进入夏眠期。它们会在秋季短暂地出现，取食树液和

↰ 长寿的黄缘蛱蝶有夏眠和冬眠的习性

⇡ 雄性黄褐斑豹蛱蝶不会夏眠。雌蝶在初夏羽化后不久就开始夏眠，并在大部分时间保持休眠状态，直到夏末才开始变得活跃并产卵

↱ 阔斑豹蛱蝶有夏季繁殖休眠现象，它们会迁徙到海拔更高的高山草甸度过两个月，然后返回灌木草原

发酵的水果，然后进入第二次休眠，这次是冬眠。得益于两个漫长的休眠期，黄缘蛱蝶成为寿命最长的蝴蝶之一。包括澳大利亚南部的浓框眼蝶（见第 196—197 页）在内的几个物种，在成虫阶段会进入漫长的夏眠期，在幼虫阶段则会冬眠。不过，蝴蝶在生命史中的两个阶段都有滞育的情况并不常见。

某些具有夏眠习性的蝴蝶会垂直迁徙，到更凉爽的地区度过盛夏。一些北美洲西部的蝴蝶在海拔较高的地区度过夏季，然后在秋季回到低海拔区域，如黄缘蛱蝶、北美麻蛱蝶、阔斑豹蛱蝶。

物候学：把握好时机

物候学是研究自然界植物、动物与环境条件的周期变化之间相互关系的科学，研究关于在正确的时间做正确的事。蝴蝶在阳光明媚、气候温暖的时候飞行。不同物种之间的物候差异为我们了解气候和不可预测性如何塑造蝴蝶的生活提供了一个窗口。

↑ 灿灰蝶（*Agriades glandon*）是一种高山蝴蝶，每年成蝶仅出现一个世代。以幼龄期的幼虫状态越冬，某些个体可能需要两年时间才能完成发育，成为成虫

↗ 在沿海低海拔栖息地中，择丽凤蝶每年可能会有两三个世代。然而，在高山和干燥栖息地中，它们每年可能只有一个世代

生活史

物候学的意义可以用一句话来概括：“凡事都有定期，天下万务都有定时。”蝴蝶的生活史就是一篇关于物候学的论文，记录着它随着时间的推移，如何在温度、日照时长和季节变化的影响下发育、生存和繁殖。这是一个非常值得研究的自然史领域，因为即使是常见的蝴蝶，其幼生期阶段的生活细节有时也鲜为人知。仍有许多物种的卵、幼虫和蛹尚未被研究或拍摄过。

卵、幼虫和蛹的生活以及它们如何影响蝴蝶的物候仍在研究之中。我们已经熟知许多研究透彻的蝴蝶，如欧洲和北美洲的蝴蝶，但成千上万种热带蝴蝶的生活史细节尚未被记录。

区域适应性

蝴蝶的生活史依赖于资源的可获取性，包括寄主植物的取得和最适温度。因此，不同的气候区和植被类型可能会导致同一种蝴蝶表现出不同的物候现象。例如北美洲西

部的择丽凤蝶（*Papilio zelicaon*），它们分布广泛，出现在山顶、海岸、沙漠等各种栖息地中。这种蝴蝶的物候现象在不同栖息地中差异很大。在高山生境中，受限于只有三个月的夏季，择丽凤蝶每年只能繁育一个世代。在美国俄勒冈州和加利福尼亚州的沿海地区，利用长达十个月的最佳繁殖和发育温度，它们每年可能产生两到三个世代。而在美国西部的沙漠地区，春季生长的寄主植物仅能支持择丽凤蝶每年一个世代的生长发育。

高山物种的物候受温度和融雪时间的强烈控制。这些蝴蝶每年出现的时间可能会根据冬季降雪量以及春季融雪速度而有两周到四周的变化。大多数高山蝴蝶以卵或幼虫的形式越冬，并在化蛹、羽化成蝶之前需要经历显著的发育过程。

长期具备适宜的气候与可用寄主植物的栖息地，能够孕育出具有灵活物候模式的蝴蝶。多数热带和亚热带地区生态系统具备这些条件。通常，这些栖息地中的物种会有连续且重叠的世代。

化性：世代的游戏

蝴蝶在一年中产生的世代数或繁殖批次被称为化性。有些物种一年只有一个世代，或者每隔一年才有一个世代；其他物种可能在一年中有两到三个世代；而某些热带物种由于不受寒冷天气的限制，可以全年连续繁殖，每年可能会有六个世代甚至更多。

↗ 北美洲的纹黄豆粉蝶，每年在大片苜蓿田里经历了多世代重叠发展，到了秋季，种群密度可能达到极高的水平

›› 卡灰蝶属的蝴蝶以蛹的形态越冬，春季羽化期延长，分散了在不利天气条件下羽化的风险

气候的作用

化性与气候密切相关，而气候则受纬度和海拔的影响。气候条件越适宜，蝴蝶能够产生的世代数就越多。所有高山蝴蝶要么每年只有一个世代，要么需要两到三年才能完成一个世代。这主要是因为可供它们利用的时间窗口非常短暂，有时只有四到八周的时间用于发育和成虫活动。高山物种必须应对恶劣天气和异常短暂或漫长的季节。它们在这种极端的栖息环境中演化，自然而然地适应了不断变化的不利条件。

多化性物种可以通过每一代的连续增长扩大其种群规模，从而在一个季节中实现数量的持续增加。北美洲西部的纹黄豆粉蝶就是一个很好的例子，到了秋季，纹黄豆粉蝶的种群数量会变得相当庞大。然而，在多化性物种当中，较晚出生的后代常常面临因早冬或干旱而导致死亡的风险。除非种群中有相当一部分亲代采取更保守的策略，在潜在季节性问题出现之前终止繁殖活动，否则繁殖多个世代可能是一场危险的赌博。

早春物种也会遇到一些问题。早春的温暖天气会诱使一些蝴蝶从越冬蛹中孵化出来，但它们随后可能会因为春季霜冻而被滞留在地面甚至死亡。这种情况曾出现在卡灰蝶种群中，某一年的四月初，气温达到了 18℃，卡灰蝶在阳光下羽化。随后出现了非季节性的大量降雪，温度降至 −6℃并持续了四天，导致卡灰蝶种群“全军覆没”。幸运的是，这个卡灰蝶种群并未完全消失，经过数千年的适应，这种蝴蝶演化出了一段漫长的羽化期，以应对不可预测的早春环境。几周后，新羽化的卡灰蝶取代了那些被非季节性寒霜冻死的个体，继续维持着种群的稳定。

Nymphalis antiopa

黄缘蛱蝶

漫长而悠闲的一生

科别	蛱蝶科（Nymphalidae）
显著特征	深巧克力色的大型蝴蝶，翅缘的黄色带点缀着蓝色斑点
翅展	75—83 毫米
栖息地	花园、公园、河岸边、森林空地

黄缘蛱蝶是长寿蝴蝶中的佼佼者。该物种在北美洲以外的地区也被称为蝴蝶里的“坎伯韦尔美女”和“蝶界大惊奇”，它们通常可以存活 10 到 12 个月。不过在这段时间里，它有大约七个月的时间处于休眠状态。

黄缘蛱蝶是寿命最长的蝴蝶之一，有时成虫可以存活整整一年。通常，年老褪色且翅膀磨损的成虫会与新羽化且光彩夺目的后代一起飞行。黄缘蛱蝶翅腹面黑色，它张开翅膀时会展现出令人惊叹的深紫色、蓝色和黄色斑纹。

本种是早春最先出现的蝴蝶之一，它们会在温暖的岩石上晒太阳，并从柳树的柔荑花序中吸取花蜜。雌蝶四月在柳树上产卵，群居的幼虫在六月初完成发育。夏季的炎热使刚羽化的黄缘蛱蝶昏昏欲睡，它们会在棚屋或阴暗的森林中夏眠度过整个夏天。九月，它们会短暂地从夏眠中醒来，享用秋季的树液和发酵果实。到了十月，它们会寻找并退栖到冬眠场所，在那里沉睡，直到次年春天的来临再次将它们唤醒。

幼生期：最脆弱的环节

在一个栖息地看到数十只黄缘蛱蝶的情况颇为罕见。尽管黄缘蛱蝶成虫具有顽强的生命力，能够克服逆境并拥有蝴蝶中最长的寿命，但其种群的增长仍然受到限制。这主要是幼生期的高风险所致。黄缘蛱蝶的卵、幼虫和蛹是那些贪婪且高效的天敌的目标，它们的天敌包括寄生蜂、病毒和细菌病原体等。黄缘蛱蝶幼虫在生命的前半段是群居的，这让它们更容易被寄生蜂和鸟类等捕食者发现。不过，幼虫生长发育非常迅速，仅需两周时间，因为它必须如此才能尽可能减少损失。一只黄缘蛱蝶雌蝶可以产下 250 枚卵，但最终可能只有两到三枚能够存活下来成为成虫。

>> 长寿的黄缘蛱蝶有着极其脆弱的生长发育阶段，包括寄生蜂、蝇类等在内的许多天敌都会对其幼虫和蛹的生存造成威胁

Heteronympha merope

浓框眼蝶

平凡又特别

科别	蛱蝶科（Nymphalidae）
显著特征	橙色，带有黑色斑纹，前翅有一个中心为蓝色的黑色眼斑
翅展	57—63 毫米
栖息地	公园和森林中的草地区域

浓框眼蝶常见于澳大利亚南部和东部的草甸栖息地中，是少数几种在不同生命阶段经历季节性休眠的蝴蝶之一：冬季以幼虫的形式冬眠，夏季则以成虫的形式夏眠。

浓框眼蝶在澳大利亚比较常见，这是因为它演化出了成功应对该地区极端气候的方法。它们在春季羽化，有时数量庞大，雄蝶一般比雌蝶早几周羽化。当雌蝶羽化时，雄蝶就会疯狂地搜寻伴侣，迫不及待地与其交配。雄蝶通过贴近地面飞行并检查每一个角落来寻找刚羽化的雌蝶。一旦交配完成，雌蝶会拒绝后来的所有追求者，它们平躺在地面上，闭合翅膀，看起来就像一片枯叶。

两个休眠期的故事

一旦交配成功，害羞的雌蝶会立即寻找庇护所并进入休眠状态。它们会找一个凉爽、阴暗的地方夏眠，直到澳大利亚的酷暑结束。完成繁殖任务后，雄蝶会尽可能地享受夏日，但当初秋雌蝶从夏眠中苏醒时，所有的雄蝶都已经死去。

在葡萄收获的季节，有时可以发现雌性浓框眼蝶取食掉落在地上或被丢弃的发酵葡萄。没有雄蝶的骚扰，它们懒洋洋地飞越草原区，并在飞行过程中产卵。低龄幼虫要么立即进入冬眠状态，要么在进食几周之后才去冬眠，它们需要整个冬季的时间来完成生长发育。

›› 浓框眼蝶适应力强、寿命长，主要分布于澳大利亚，常在草地、公园和花园中大量出现。春天雄蝶居多，秋天只有雌蝶仍在飞翔

Gonepteryx rhamni

钩粉蝶

蝴蝶名称的由来

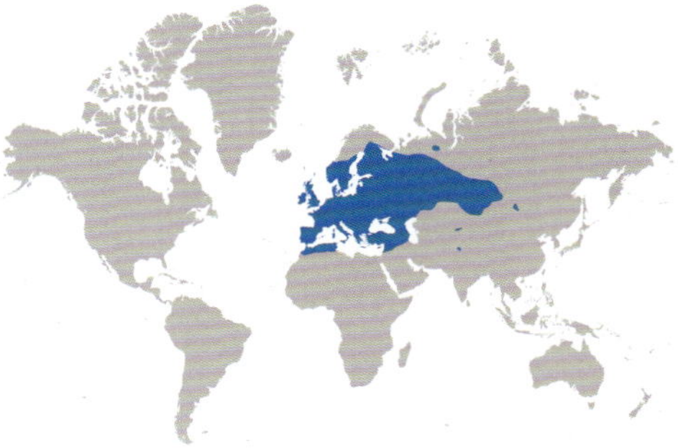

科别	粉蝶科（Pieridae）
显著特征	黄色至白绿色，像叶片形状的蝴蝶
翅展	60—74 毫米
栖息地	森林、树篱、花园、草地、公园

蝴蝶的英文 butterfly 可能就来自钩粉蝶这个物种。根据一些说法，盎格鲁 - 撒克逊人称钩粉蝶为 butter-colored fly（黄油色的飞虫），后来这个名称逐渐演变成了现在的 butterfly。

与襟粉蝶一样，钩粉蝶也是春季真正的先行官，它们为依然萧瑟的乡间带来欢乐和色彩。雄性钩粉蝶呈鲜亮的黄色，飞行迅速，引人注目。雌雄两性钩粉蝶都会冬眠，但雄蝶先苏醒，几周后白绿色的雌蝶才会醒来。本种每年只产生一个世代，成蝶的寿命长达一年，是欧洲寿命最长的蝴蝶之一。

钩粉蝶在生命中的各个阶段都是伪装高手。它们的扇形翅膀边缘是不寻常的波浪状，当它们栖息或在灌丛中冬眠时看起来就像一片叶子。绿色的幼虫与它们的鼠李属（*Rhamnus*）寄主植物完美匹配，蛹的形状则模仿卷曲的叶子。

伪装的蛹

钩粉蝶的蛹具有翠绿色的鳞茎状外形，这有助于它融入蛹体所处的叶片茂盛的环境。

为春天做准备

钩粉蝶在六月底至七月初羽化，整个夏天都以花蜜为食，尤其是富含花蜜的紫色花朵，比如蓟属和川续断属（*Dipsacus*）植物。随着秋天的临近，它们会大量进食，积累脂肪以备冬眠。到了九月，它们会选择一个冬眠地点，一般在灌木丛中或洋常春藤（*Hedera helix*）、华中枸骨（*Ilex centrochinensis*）或蛇藨筋（*Rubus cochinchinensis*）的叶子中，它们在那里看起来就像另一片叶子。

凭借储存的脂肪，钩粉蝶能一直冬眠到第二年三月，之后雄蝶苏醒，开始飞行活动，并通过取食早春的花朵如报春花、堇菜和菊类等植物来补充能量储备。当第一批雌蝶出现时，雄蝶已经准备就绪，大多数雌蝶可能在它们第一次早春飞行时就完成交配了。由于这个时节天气还比较冷，一对交配中的钩粉蝶有时会一连好几天都保持着交配状态。

钩粉蝶是早春的使者，它飞舞于乡村小道之间，为萧瑟的乡间带来了一抹鲜黄

Tharsalea helloides

紫点帘灰蝶

适应性强且好斗

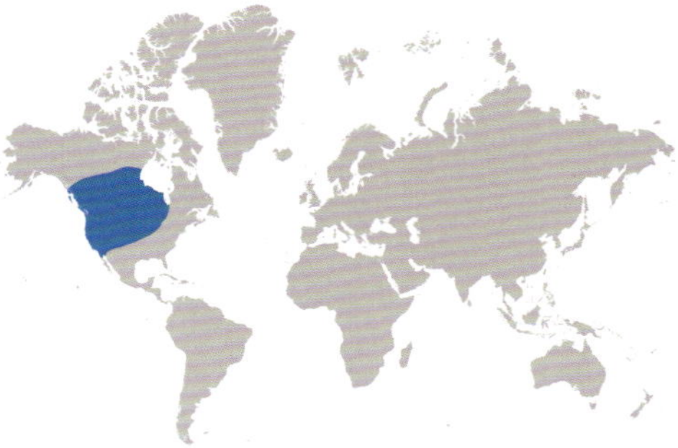

科别	灰蝶科（Lycaenidae）
显著特征	雄蝶褐色具有紫色光泽，雌蝶橙色带有黑色斑点
翅展	25—32 毫米
栖息地	从城市空地到荒野，几乎无处不在

紫点帘灰蝶是北美洲西部常见的广布物种，它在栖息地和季节性方面具有很强的适应性。从早春到晚秋，从大自然到城市的各类栖息地中都能发现它的身影。

紫点帘灰蝶是一种好斗的小型蝴蝶。尽管其翼展只有 25 毫米，但雄蝶会积极地飞向有时体形比它们大得多的入侵者，来捍卫自己的栖息地。紫点帘灰蝶这种坚韧的态度也体现在它们在各种栖息地都能繁衍生息的能力上。无论是在杂草丛生的城市停车场，还是原始的高山草甸，它们都能同样自在地生活。紫点帘灰蝶还是少数能够在杂草丛生、管理不善且常使用农药的农田景观中生存的蝴蝶之一。

适应能力强、随机应变是这种蝴蝶的行动准则。紫点帘灰蝶绝不会错过任何能够继续繁殖和扩大种群的机会，这一点从它们在夏末产卵的习性就可以看出，其中一些卵会保持滞育状态越冬，另一些卵则会抓住机会发育，产生下一代幼虫。如果它们赌赢了，幼虫顺利发育至羽化，那么第二代的成虫将在秋季飞行活动。这种积极的生存策略确保该物种在资源可用时尽可能地去利用这些资源，同时还有一个“备用计划”（那些冬眠的卵），以防机会主义策略失败。

蛞蝓状的幼虫

紫点帘灰蝶的幼虫以酸模属（*Rumex*）、酢浆草属（*Oxalis*）、虎杖属（*Reynoutria*）和蓼属（*Persicaria*）植物为食，这些植物在任何地方都很常见。刚孵化的幼虫长度仅为 1.5 毫米，六周后可长到约 20 毫米。蛞蝓状的绿色幼虫很难被发现，因为它们能巧妙地与所食叶子的颜色匹配。它们通常停栖在叶子的下表面，随意地在叶片上啃食出洞来，之后只留下一层透明的膜。幼虫在寄主植物附近的老叶或碎屑上化蛹。蛹的颜色差异很大，但通常会与其化蛹处的背景一致。

紫点帘灰蝶是一种活泼且适应性强的小型蝴蝶，无论是停车场还是原始的高山草甸，你都能看到它们

Bicyclus anynana

偏瞳蔽眼蝶

有时而可见时而隐形的眼斑

科别	蛱蝶科（Nymphalidae）
显著特征	前后翅装饰着眼斑
翅展	35—45 毫米
栖息地	稀树草原和开阔森林，尤其是在沿海地区

蝴蝶翅膀上多彩的同心圆图案，因为类似于脊椎动物的眼睛而被称为眼斑，眼斑在蛱蝶科成员中广泛存在，在眼蝶亚科成员中最为常见。为了理解基因、生长发育与生物体物理特征之间的关系，偏瞳蔽眼蝶翅膀上看似简单的翅纹元素在研究中成为关注的焦点。

蝴蝶的翅膀在幼虫阶段后期开始在皮肤下发育，并在蛹期继续这个过程。在发育初期，两条翅脉之间会形成一个眼斑中心点。从这个微小的点开始，化学信号向周围扩散，形成一个浓度梯度，接近中心处的信号浓度最高，并随着距离增加而逐渐稀释。周围的细胞能够侦测到这种化合物信号，翅膀上的鳞片会根据不同信号浓度呈现出不同的颜色。信号浓度最高的细胞会发展形成一小圈白色的鳞片。当浓度降低至某个阈值时，这些鳞片则变为黑色。最后，在信号最稀薄的外缘，鳞片变成金黄色。除此之外，鳞片就是正常的翅膀背景色了。

季节多型性

偏瞳蔽眼蝶翅膀的腹面有许多眼斑，尤其是在热带非洲雨季发育的幼虫，其眼斑特别明显。然而，如果幼虫是在缺水的旱季生长发育的，它们眼斑的颜色就会更小或完全消失。这种可预测的翅纹变化被称为季节多型性，幼虫阶段周围环境的温度决定了成蝶是否会有鲜艳的眼斑。每一种眼斑类型都被认为与它所出现的季节最匹配。在旱季型个体中，眼斑不明显或缺乏眼斑使得它们很难被鸟类和其他脊椎动物捕食者发现。然而，螳螂对旱季型个体的攻击往往更加致命，因为它们会攻击偏瞳蔽眼蝶的头部。在雨季型个体中，较大的眼斑使它们更容易被鸟类和螳螂发现。虽然这增加了被脊椎动物捕食的风险，但同时也提高了被螳螂攻击后的存活率，因为螳螂往往会瞄准后翅边缘的眼斑，这是蝴蝶身体上可以牺牲的一部分，即使失去一两个眼斑也能活着飞走。

左边这只雌性偏瞳蔽眼蝶的眼斑细小而黯淡，说明它是在旱季发育的。而它的伴侣（右）则是在雨季经历了幼虫阶段，这可以从它较大的眼斑看出来

DEFENSE & NATURAL ENEMIES

防御与天敌

隐藏与逃避

防御的第一条规则是隐藏。蝴蝶的成虫、幼虫和蛹都非常善于隐藏。阴天的时候，蝴蝶都到哪里去了？它们藏起来了。幼虫和蛹都到哪里去了？它们也藏起来了。蝴蝶的天敌在哪里？它们在寻觅蝴蝶的踪迹。

躲避天敌

躲避天敌可能是潜在猎物所使用的最古老也最有效的防御策略之一。这通常是蝶卵、幼虫、蛹和成虫的第一道防线。通过伪装和一些小伎俩就能成功躲避天敌。

夜间活动是幼虫躲避日间天敌的绝佳方式，包括鸟类和大型捕食性昆虫（如狩猎蜂）。但仍然有被夜间捕食者发现的风险，不过这种情况在大多数栖息地中都不常见。

白天，许多幼虫躲在树叶下、岩石下的地面或其他藏身之处。大多数豹蛱蝶、眼蝶和弄蝶的幼虫白天都在地上、土壤中或寄主植物的基部休息。它们身上的颜色通常是棕

‹‹ 这只取食禾草的图珍眼蝶（*Coenonympha tullia*）幼虫，完美地融入了周围环境

➶ 一些灰蝶的幼虫会钻入寄主植物的茎、种荚或种子中躲避和觅食，例如图中这只雅蓝灰蝶幼虫

➷ 许多弄蝶的幼虫通过将叶子或草的边缘用丝缠绕在一起，在寄主植物上建造庇护所，比如这只橙斑玻弄蝶（*Polites mardon*）幼虫

色、灰色或黑色，以便与周围的环境融为一体。当夜幕降临时，弄蝶和眼蝶的幼虫会爬上禾草类寄主植物觅食，避开夜间可能在地上捕食的老鼠、鼩鼱和田鼠。

另一种隐蔽策略是躲在一个“避难所”里面。有些物种（如眼灰蝶和线灰蝶）的幼虫体形小，寄主植物本身就可以成为它们的避难所——幼虫钻进寄主植物的茎、种荚或种子里，从外部世界来看是暂时消失了。一些弄蝶幼虫会利用口器上的微小丝腺产生的丝将树叶或草叶绑在一起形成避难所。它们白天通常躲在这个避难所里面，晚上才出来觅食。香蕉弄蝶（*Erionota thrax*）的幼虫用香蕉叶制成管状庇护巢，白天就躲在里面。

与环境融为一体

不需要实际移动就可以隐藏自己以躲避敌人的技巧被称为伪装或“隐身”。与背景融为一体是卵、幼虫、蛹和成蝶在休息时最常用的策略。卵、幼虫和蛹的体色通常是不引人注目的黄绿色，与它们寄主植物的颜色相近。取食禾草的幼虫是绿色或棕色的，并且有纵向条纹，这有助于它们融入“草海”；而取食花的幼虫，像一些眼灰蝶类则色彩鲜明，与它们喜欢的花朵颜色相匹配。

由于蛹无法移动，所以它们普遍依靠伪装和“隐身”的策略，避免成为捕食者的美餐。在寄主植物上形成的蛹的颜色一般是绿色或黄色，而在深色表面上形成的蛹则会带有些许灰色、棕色或黑色的色调。

合上翅膀消失不见

蝴蝶翅膀腹面的颜色相较于背面通常没有那么鲜艳。例如，色彩多样的蛱蝶，如黄缘蛱蝶、麻蛱蝶、孔雀蛱蝶和钩蛱蝶的翅膀腹面是棕色、灰色和黑色，并不引人注意。当这些物种栖息在木本灌丛和树林中时，可以完美地伪装起来。白钩蛱蝶（*Polygonia c-album*）有着扇形且看似褴褛的翅膀，这使得它们的轮廓变得模糊，在休息时看起来像一片枯叶，它们下翅表面的条状斑纹看起来很像木纹。

粉蝶科的白色、黄色和绿色蝴蝶的翅膀通常有相似的上下表面，这些蝴蝶大多栖息在茂密的灌木丛和树林中。黄色到白绿色的钩粉蝶（见第 198—199 页）翅膀呈扇形，与洋常春藤的叶子完美匹配，洋常春藤是它经常栖息的地方。

闪躲与逃避

如果所有的伪装和“隐身”战术都失败，那么就只好选择躲避。熟睡的蝴蝶受到惊扰时会飞走。大多数蝴蝶几乎不可能被我们徒

›› 奥钩蛱蝶（*Polygonia oreas*）灰黑色的扇状翅膀看起来破烂不堪，使它能够隐藏在黑暗的森林栖息地中过冬

↙ 蠹叶蛱蝶（*Doleschallia bisaltide*）的形状和颜色像树叶，因此它能够伪装成一片枯叶，隐藏在森林的地面上

丝线也是生命线

当捕食者威胁到幼虫而它需要逃跑时，它可能会直接从叶片上掉下来。掉到地上可能无法回到寄主植物，所以它会从口部的吐丝器中释放出一根丝线，这样它就可以安全地挂在上面。当威胁过去后，幼虫会把自己拉回叶子上。

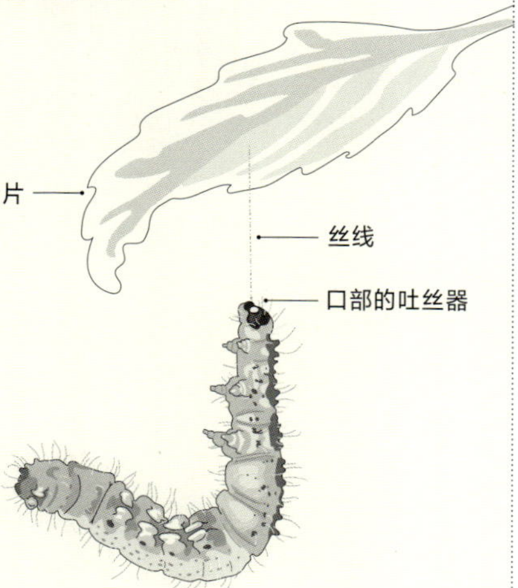

手捕捉。缓慢地、悄悄地靠近一只正忙着觅食的蝴蝶是最好的机会，当然它也有可能在最后一刻飞走。尤其是蛱蝶和凤蝶，由于它们飞得又快又高且没有规律，所以很难抓到。菜粉蝶飞得不快，但它们的飞行非常不规律，这使得鸟类很难跟踪和捕捉它们。

为了躲避捕食者，受惊的幼虫可能会掉落在地，让自己不易被发现。再次回到植物上可能是个问题，但有些幼虫通过将自己悬挂在一根丝线上来解决这个问题，待威胁过去，再次将自己拉回植物上。

警戒：发出警告

有些蝴蝶、幼虫和蛹含有毒素，并且会向潜在的敌人展示这一事实，这种策略被称为警戒态。例如，君主斑蝶或金斑蝶（*Danaus chrysippus*）大胆的色彩不仅美丽醒目，同时也向潜在的捕食者传达了一个明确的信息：攻击我，后果自负！

幼虫的化学武装

除了警戒色之外，凤蝶的幼虫还发展出了一种对潜在捕食者展示防御性化学物质的方法，而且是捕食者还未咬它的情况下——当然，咬一口可能就是致命性的。它们通过头部后方一个呈 Y 形、可以外翻的腺体来实现这一点，当幼虫受到威胁时，这个腺体就会弹出。它通常为鲜橘色或红色，被称为臭角，其表面会分泌刺激性并富含酸类和萜烯类的物质，用以驱赶潜在的捕食者。

豹蛱蝶的幼虫也有一种类似于凤蝶幼虫的防御腺体，只不过这个腺体位于其身体下方。在这些物种中，该腺体会分泌烃类和酯类物质，其中包括角鲨烯。

利用植物化学物质

警戒态是指蝴蝶及其他动物用来宣告它们不适合作为食物或攻击目标的一种防御方式。许多蝴蝶使用化学物质来保护自己。有的幼虫会从所食用的植物中获取并储存有害、有毒的化学物质，或者将无害的化学物质转化为有毒物质。因此，许多蝴蝶的幼虫、蛹和成虫体内充满了有害的化学物质，目的是让鸟类和其他天敌生病，甚至死亡。

美国昆虫学家简·范赞特·布劳尔（Jane Van Zandt Brower）和林肯·布劳尔发现，君主斑蝶及其近亲含有能够使丛鸦属（*Aphelocoma*）和冠蓝鸦属（*Cyanocitta*）鸟类呕吐的毒素。布劳尔夫妇关于“呕吐鸦”的研究是化学生态领域早期的一个重要内容，我们可以从中了解到，昆虫及其他动物如何合成化合物或将饮食中的毒素重新用于自我防御。大多数对捕食者来说味道不佳或有毒的蝴蝶，都会用鲜艳的颜色和炫目的翅纹来宣示它们的毒性。

<< 君主斑蝶幼虫通过大胆的黄色、白色和黑色条纹来展示其毒性

我的颜色是对你的警告

利用化学物质进行自我防御的幼虫和蝴蝶，通常具有鲜明的颜色和翅纹，用以确保它们的毒性能够被捕食者迅速识别并记住。黑色、白色、红色、橘色和黄色这些对比鲜明的条带和斑点是最常见的警告色。如君主斑蝶和金斑蝶（见第 244—245 页）等斑蝶属的物种，在幼虫和成虫阶段都具有相似的黑色、

⌃ 蓝边美灰蝶（*Eumaeus atala*）幼虫呈洋红色并带有黄色斑点，这种颜色警告捕食者：它们从苏铁类寄主植物中摄入了有毒化合物

<< 蓝边美灰蝶利用醒目而独特的颜色警告潜在的捕食者不要靠近它

橙色和白色的警戒色以及条纹和斑点的图案。这些蝴蝶的幼虫以马利筋为食，而马利筋中含有强心苷类毒素，幼虫会将这些毒素在体内储存起来，从而使自己也具有毒性。

堇蛱蝶属的幼虫以车前属（*Plantago*）和玄参属（*Scrophularia*）等植物为食，这些植物中含有另一种有毒化学物质，即环烯醚萜苷。与储存强心苷的蝴蝶相似，堇蛱蝶属的幼虫、蛹和成虫也使用白色、黑色、红色和橙色作为警戒色。

君主斑蝶的蛹是有毒的，但它没有警戒色。它们是绿色的，只依靠伪装来保护自己，通常选择在隐蔽的地方完成发育。相比之下，堇蛱蝶属的蛹具有警戒色，常常出现在暴露的位置。旧大陆紫斑蝶属的蛹看起来像是充满了熔化的金或银，警示着它内部含有有毒化合物。

许多其他幼虫和成蝶的颜色和翅纹被认为是警戒色，但尚未被证实味道难吃。金凤蝶（*Papilio machaon*）这类蝴蝶幼虫的警戒色通常是黑色、白色和黄色，很可能含有从伞形科（Apiaceae）寄主植物中获得的毒素。

拟态：模仿他人

蝴蝶世界中有许多模仿者。它们将自己假扮成另一种捕食者会主动避开或有毒性的蝴蝶，是真正的“披着狼皮的羊”。

拟态现象出现在许多不同的动物中，包括蛇、青蛙、熊蜂和蜻蜓等，并且有多种不同的形式。拟态范畴中的其中一类，不可食程度较弱或弱毒的物种在形态、色型和行为上模拟强烈不可食或强毒性的物种，从而共同分担捕食风险的现象，被称为米勒拟态。这类物种有共同的颜色模式，因为鸟类和其他捕食者需要尝过至少一个具有特定颜色模式的个体，才能知道这种颜色模式代表有毒。如果每种蝴蝶都有自己的颜色模式，那么它们就会被捕食者都尝一遍，这会害死这些蝴蝶。但如果生活在同一地区的多数有毒物种长得都相似，那么捕食者只要吃了其中一种的一个个体，就会避开所有长相类似

的有毒物种。如此一来，风险成本就分摊到所有相似的物种上了。拟态范畴的另一类，是无毒的贝茨拟态物种去模仿真正有毒或有警戒色的“模型”物种。模型物种通常更常见，捕食者通过捕食模型物种学会避开这种颜色模式，从而也会避开所有看起来像它的物种。

在热带地区，情况会更加复杂。生活在同一栖息地中的多个物种可能会演化出相同的颜色模式：其中一些是化学防御性的米勒拟态者，而其他则是没有防御能力的贝茨拟态者。有些拟态物种可能在适口性方面介于两者之间。这些“拟态环”中不仅包括蝴蝶，日行性蛾类、蜻蜓和豆娘也可以加入进来。

君主斑蝶还是黑条拟斑蛱蝶？

拟态蝴蝶最著名的例子可能是黑条拟斑蛱蝶，它在北美洲模仿君主斑蝶。黑条拟斑蛱蝶与君主斑蝶非常相似，有时甚至能骗过经验丰富的鳞翅目专家，只不过其后翅比君主斑蝶多了一条黑纹，二者的飞行方式也略有不同。在这个教科书式的案例中，黑条拟斑蛱蝶并不完全是“披着狼皮的羊”，因为它的幼虫在寄主植物柳树上也积累了毒素。因此，它假扮成含强心苷毒素的君主斑蝶，实际上体内只有来自柳树的水杨酸，从而得到了双重保护。

↗ 在北美洲，黑条拟斑蛱蝶是君主斑蝶的绝佳模仿者。黑条拟斑蛱蝶后翅上的一条横向带纹（君主斑蝶没有）是将两者区分开的标志

<< 雌性金斑蛱蝶（*Hypolimnas misippus*）借由模仿有毒且味道不佳的近缘种君主斑蝶来抵御捕食者的攻击

斑蝶还是锯眼蝶？

在热带的非洲、亚洲和澳大利亚可以发现50多种锯眼蝶。这些以棕榈为食的适口性蝴蝶中，绝大多数似乎都是对不同化学防御模式的无防御贝茨拟态。有几种锯眼蝶会模仿紫斑蝶，而另一些则会模仿斑粉蝶、斑蝶、帛斑蝶和非洲的珍蝶。锯眼蝶似乎有能力演化出几乎所有翅膀颜色或图案，以匹配当时、当地的有毒物种。普通锯眼蝶还有一个小把戏。在某些种群中，雄性和雌性模仿相同的深色紫斑蝶模型物种，而在其他种群中，（仅）雌性模仿橙色虎斑蝶。

↖ 箭纹贝凤蝶（*Battus philenor*）对捕食者来说非常难吃，因为它的幼虫在取食寄主植物美洲马兜铃（*Aristolochia macrophylla*）时会储存有毒的生物碱

↗ 银月豹凤蝶（*Papilio troilus*）是味道不佳的箭纹贝凤蝶的成功模仿者。有经验的捕食者会避免捕食有毒的箭纹贝凤蝶，同样也会避开取食无毒的银月豹凤蝶

威胁与恐吓策略

攻击本身可以成为对抗侵略的有效防御方式。只要你擅长威胁和恐吓，并拥有出其不意的优势，即使没有足够的资源或能力真正实施攻击，这种方法也能奏效。

保持警惕

当隐藏、逃避和迷惑敌人都失败时，可以尝试威胁和恐吓的策略。遗憾的是，蝴蝶并没有太多威胁的手段。它们不像某些昆虫那样拥有有效的武器，如气步甲的策略是向捕食者喷射一连串有毒化学物质。因此，为了吓唬或威胁敌人，蝴蝶需要出其不意。

一些蝴蝶的经典恐吓策略就是展示它们的“眼睛”——不是位于头部的小复眼，而是翅膀上色彩鲜艳的超大眼斑。拥有几个大型眼斑便可以威慑大型脊椎动物捕食者。例如，如果你惊扰了一只正在休息的孔雀蛱蝶，它就会突然张开翅膀，展示四个在鲜红色背景上的蓝色眼斑，用这种行为吓你一跳。这

« 大橡暗珠弄蝶幼虫头部为黑色，并且有两个鲜艳的橙色“眼睛”。如果受到威胁，它们还会露出大颚

» 加州悌蛱蝶的成熟幼虫在受到威胁时会剧烈地扭动身体，同时展示并移动它们的口器，仿佛要咬人一样

›› 单尾虎纹凤蝶幼虫用假眼斑作为其防御策略的一部分。受到威胁时，幼虫的身体前端部位会膨胀，使假眼斑看起来更大

种视觉展示通常还伴随着蝴蝶通过摩擦前翅和后翅产生的嘶嘶声。虽然这对我们来说并不可怕，但对于鸟类、蜥蜴或老鼠等捕食者来说，可能有特殊的震慑作用。这种眼斑展示确实可以吓退潜在的脊椎动物捕食者，并且最重要的是可以保护它们不受伤害。一些以禾草为食的眼蝶的翅膀上也有大型眼斑，这些眼斑也具有类似的恐吓功能。当受到惊扰时，眼蝶也会突然露出这些眼斑。

抽搐与扭动

幼虫比成蝶拥有更多关于威胁和恐吓的锦囊妙计。许多幼虫在受到威胁时会突然做出一些行动，如头部急抽或前半身左右剧烈摆动。有时候，一声大叫也会引发这种反应。当一大群幼虫同时做出这种反应时，这种策略最为有效，如产于欧洲和北美洲的麻蛱蝶，其幼虫在受到威胁时都会这样做。

当受到干扰时，加州悌蛱蝶幼虫会剧烈地扭动身体，露出它们的“獠牙”，展示并移动口器。一些弄蝶的幼虫在受到威胁时也会展示它们的口器。

北美洲的豹凤蝶幼虫头部后方有假眼斑，当受到威胁时，它们可以膨胀并放大这些假眼斑，使自己看起来像一条小蛇。

分散注意力和欺骗

一点点欺骗也许可以挽救你的生命。在蝴蝶的“魔术箱”中，我们可以找到假头、假眼和假触角等。

假眼和假头

除了像孔雀蛱蝶这类在翅膀上有大眼斑的物种外，还有很多蝴蝶的翅膀上有小眼斑或点状图案，这些图案有的在翅膀的背面，有的在腹面，有的则两面都有。这些小型假眼和大型假眼一样能够提高蝴蝶的存活率。不过，与大眼斑提供震慑效果不同，它们的作用主要是误导天敌或转移攻击部位。

虽然拥有大眼斑可以威慑捕食者，但拥有许多小眼斑可以将捕食者的攻击目标转移到翅膀上不重要的部位。例如，偏瞳蔽眼蝶的案例（见第 202—203 页）。小眼斑通常位于翅膀边缘，远离蝴蝶身体的脆弱部位。因此，鸟类会误以为这些小眼斑是蝴蝶的眼睛，从而攻击翅膀上可以牺牲的外侧部分。虽然这样可能造成翅外侧撕裂和切割，但能让蝴蝶存活下来。许多蝴蝶翅膀上曾经有斑点的地方都有缺损，这就证明了这种欺骗的成功。

某些线灰蝶的欺骗手段更高明一些，其后翅末端携带一个假头，这个假头包括一个大的“眼睛”和以小尾突形式存在的“触角”。休息时，线灰蝶常常以后翅摩擦前翅，做一种奇特的圆周运动。尾突通常向相反方向扭曲，使得它们能够独立地上下移动，这使得假头看起来更真实，尽管这个假头位于身体的另一端。这种骗术确实非常有效，许多线灰蝶成员的后翅都有缺失的区块。

<< 一些灰蝶科成员，如图中的白裙崖灰蝶（*Arawacus togarna*），后翅的白色长尾突被认为在模仿触角，以欺骗捕食者攻击身体无关紧要的部位，使蝴蝶能够趁机逃脱

伪装

如果蝴蝶没有化学防御手段，也不能融入所处的环境背景，那么它们就会模仿自然界中不可食用的物体，这种策略被称为伪装。最著名的例子就是枯叶蛱蝶（见第 146—147 页），当翅膀合拢静止不动时，其独特的翅膀呈现出一片棕色枯叶的样子。从翅的一端到另一端的线条酷似树叶中间的大叶脉，其他纹路则模仿对称的侧脉和不对称的黑色真菌斑。即使在同一种群中，枯叶蛱蝶个体之间的差异也很大，这有助于防止捕食者对它们形成固定的搜索图像。伪装不仅被成蝶使用，许多凤蝶科（如金凤蝶）的早龄幼虫也会模仿鸟类，而在幼虫阶段后期则有更多时间从伞形科寄主植物中积累防御性化合物，幼虫的体色变得更鲜艳。另一种常见的伪装策略是蛹模仿树枝，如斑凤蝶的蛹。

装死

除非是腐食性动物，否则捕食者通常对死肉不感兴趣，而是寻找活的食物。一些蝴蝶和幼虫会利用捕食者这种偏好，通过装死得以逃生。例如，当在低温条件下被捡起来时，黄缘蛱蝶会将腿紧贴身体并保持不动，即使被放在物体表面上也是如此。蝴蝶借由拒绝站立或飞行来假装死亡，大多数捕食者会因此放弃并离开。许多蝴蝶幼虫在受到惊扰时也会装死，保持静止直到威胁消失。

聚集：人多势众的安全之道

数学生物学家威廉·唐纳·汉密尔顿（W. D. Hamilton，1936—2000）在1971年提出了他的“自私牧群”理论。该理论的核心观点是，动物会寻求群体的中心位置以降低自身的危险。一些蝴蝶及其幼虫是这种策略的杰出实践者和受益者。

聚集之王

聚集或群居是一种行为策略，可以降低个体被攻击或杀死的概率。没有什么景象能比君主斑蝶在墨西哥和美国加利福尼亚州大规模聚集过冬更壮观了。在墨西哥，每年冬天有数百万只君主斑蝶会在高海拔针叶林的

一个小区域内聚集，几乎覆盖了那里的每一寸空间。虽然加利福尼亚种群的数量较少，但景象依然令人印象深刻。看到一棵树上布满了君主斑蝶，这真的是一种难忘的体验。

其他物种也存在较小规模的聚集现象，如澳大利亚的月神紫斑蝶（*Euploea corinna*）以及非洲的一些其他蛱蝶。在欧洲，小群越冬的孔雀蛱蝶和荨麻蛱蝶（见第 238—239 页）常常出现在棚屋和附属建筑中。

对于幼虫和蛹来说，数量多也意味着更安全。就像许多飞蛾一样，墨西哥油粉蝶（*Eucheira socialis*）幼虫会编织一个丝质庇护所，幼虫和蛹的大部分时间会在里面度过。受蚂蚁照顾的佳灰蝶（见第 242—243 页）幼虫和蛹也是紧密聚集的，可能是因为很难找到寄主植物与共生蚂蚁的正确组合，使得它们集中在一小片区域内。这些深色的聚集体在相思树寄主植物顶端非常明显，即使从行驶的汽车中也能看到这些蝴蝶群体。

⌃ 橙弄蝶（*Ancyloxypha numitor*）会在加拿大的泥浆池边聚集

‹‹ 居堇蛱蝶在湿润的地面上吸取盐分和其他矿物质。相较于单独取食，聚集行为可以降低任何一只蝴蝶被攻击的概率

蝴蝶世界中的天敌

蝴蝶对于自然界中众多天敌来说是猎物目标，这里的“天敌”是一个总称，涵盖了脊椎动物和无脊椎动物捕食者、拟寄生生物以及病原体。捕食者就像是蝴蝶世界中的狮子和老虎，直接捕食蝴蝶的卵、幼虫、蛹和成虫。

⮝ 爬行动物和两栖动物是蝴蝶的重要捕食者，尤其是在热带地区

➶ 在各大洲所有栖息地中，鸟类可能是蝴蝶最重要的脊椎动物捕食者，而大多数蝴蝶的防御机制都是针对这些敌人演化而来的

大量的敌人

蝴蝶的卵、幼虫、蛹和成虫非常容易受到天敌的攻击。所有蝴蝶的外观、生活方式与行为在很大程度上都是为了发展适应性变化以避免被吃掉而演化出来的。伪装、难吃的味道、群居性、攻击性和拟态等特性都是作为防御机制对抗天敌演化出来的结果。

每只雌蝶产下的数百枚卵中，只有极少数能够成功存活至成年，这主要归因于天敌的大量掠夺捕杀。作为蝴蝶天敌的其中一种，捕食者会寻找、捕捉并食用猎物。所有生命阶段的蝴蝶都是多种脊椎动物捕食者的猎物，比如鸟类、鼠类、蛙类、蟾蜍、蜥蜴和蛇，以及蜘蛛、螳螂等众多无脊椎动物捕食者。

大型捕食者

一些蝴蝶，如眼蝶和粉蝶，它们蜿蜒曲折的飞行方式可能是为了增加鸟类捕捉它们的难度所演化出来的结果。鸟类对蝴蝶最成功的攻击大多发生在一天中较早或较晚的

时候，那时气温较低，蝴蝶要么在休息，要么行动缓慢。鸟类被认为是蝴蝶卵、幼虫及蛹的重要捕食者，并且很可能会对蝴蝶的幼生期阶段造成重大损害。一些鸟类专门以蝴蝶的卵和幼虫为食，尤其是在哺育幼鸟期间。

老鼠、田鼠和鼩鼱不停地在地面或靠近地面的地方寻找食物，蝴蝶幼虫则是它们饮食中的重要组成部分。春天时，豹蛱蝶的幼虫生活在森林底层，以堇菜属植物为食，它们很可能成为鼩鼱和老鼠的食物来源。那些停栖在靠近地面位置的蝴蝶，如眼灰蝶，也可能成为老鼠的食物。

即使是以群体形式出现的蝴蝶也不能幸免于难，对于聪明的捕食者而言，它们是重要的食物。虽然君主斑蝶通过体内的强心苷得到了化学防御，但有些聪明的鸟类已经知道，这些蝴蝶并非所有部位都有毒。例如，在墨西哥过冬的君主斑蝶会被黑背拟鹂（*Icterus abeillei*）撕开身体，黑背拟鹂只吃其内部而不理睬那些存储毒素的表皮。据估计，每年墨西哥有数百万只越冬的君主斑蝶被这种鸟捕杀。

爬行动物和两栖动物也会吞噬相当数量的蝴蝶及其幼虫，尤其是当它们过于靠近这些守株待兔的捕食者时。

小型捕食者

捕食蝴蝶的昆虫与蜘蛛类天敌种类繁多，总体上来说，它们对蝴蝶种群的影响可能比脊椎动物更大。大约有 10 个类群或科别的无脊椎动物捕食者会捕食蝴蝶的卵、幼虫和蛹，每个类群又包含数十或数百个物种。不过，只有蜘蛛、螳螂、瘤蝽、捕食性蜂类和蜻蜓才是成蝶的常见捕食者。

捕食性蜘蛛

蜘蛛会对蝴蝶及其幼虫造成很大的伤亡，其中游猎和伏击的蜘蛛比织网蜘蛛吃掉的蝴蝶及其幼虫更多。跳蛛、伏击蛛和蟹蛛会在灌木丛、草丛和树林间游荡寻找猎物，它们一点都不挑剔，无论发现什么昆虫，只要体形大小能应付，它们就会吃掉。蟹蛛隐藏在花朵之中，通常有完美的伪装，等待着毫无防备的蝴蝶访客。蟹蛛会快速地伸出它特别长的前足，紧紧抱住蝴蝶，然后将毒牙刺入蝴蝶体内并吸干体液夺其生命。在大多数栖息地中，蜘蛛的种群密度相当大，因此蝴蝶遭遇这些捕食者的概率也相当高。

↖ 在植物间游猎的蜘蛛（如跳蛛）会捕捉并杀死蝴蝶幼虫和成蝶，如图中的这只波氏艾卡灰蝶（*Icaricia icarioides*）

« 造纸马蜂在北美洲、新西兰和澳大利亚等地是入侵物种，它通过大量捕杀蝴蝶幼虫对蝴蝶种群造成重大影响，特别是在城市地区

↗ 一只冕花螳（*Hymenopus coronatus*）正在享用一只刚刚羽化的雌性翠袖锯眼蝶，它甚至还没来得及晾干翅膀

螳螂、瘤蝽和蜻蜓

螳螂潜伏在花朵上或花朵附近，等待包括蝴蝶在内的昆虫来访。当猎物靠近时，这些昆虫世界中的“老虎”会迅速抓住它们，撕掉受害者的翅膀，慢慢啃食它们的身体。瘤猎蝽像是较小且更隐蔽的螳螂，它们常藏在花朵中准备突袭猎物。有时候它们捕获的蝴蝶比自己大得多。蜻蜓则在飞行过程中捕捉猎物，不过这种行为很少被观察到。

捕食性蜂类

捕食性蜂类是蝴蝶各个生命阶段都可能遭遇的重要捕食者。马蜂亚科（Polistinae）的蜂类和黄蜂是非常显眼且具有攻击性的捕食者，并非所有种类都会攻击蝴蝶，但有些确实会寻找蝴蝶的卵、幼虫及蛹。其中，造纸马蜂（*Polistes dominula*）在新西兰和北美洲等地是入侵物种，对蝴蝶种群造成了重大影响。它们在郊区建立了庞大的种群，并能够清除邻近区域内的每只蝴蝶幼虫。

造纸马蜂对蝴蝶幼虫的攻击相当可怕，它们会像做外科手术一样，将幼虫各部位解体切除，甚至包括消化道，然后将解体的蝴蝶幼虫带回巢穴，喂养自己发育中的后代。君主斑蝶的蛹对于造纸马蜂来说太硬，难以撕开，但研究人员发现，它们会等君主斑蝶羽化时再发起攻击，有的会在君主斑蝶访花觅食时攻击它们。

捕食性蝇类

蝇类并不是很多人能迅速联想到的蝴蝶捕食者，但确实有几个科的蝇类会捕杀蝴蝶。其中最明显且数量较多的是体形庞大、样貌可怕的食虫虻科（Asilidae）蝇类，它们对攻击和食用的对象并不挑剔。这些蝇类会埋伏等待，直到有合适的猎物飞过，然后迅速出击，在空中捕捉猎物。食虫虻飞行速度快，擅长空中追逐和制伏猎物，它们会用强壮带刺的腿在空中抓住蝴蝶并带到地面或一个合适的地方，随后向其体内注入一种液体使其麻痹，以便食用时更容易消化。之后，食虫虻会选择蝴蝶身体上易于插入它短而粗壮的喙的部位，通常是眼睛，然后用大约一个小时的时间吸食蝴蝶的体液。

幼生期的捕食者

其他昆虫和蛛形纲（Arachnida）捕食者，如螨虫、蝽类、蚂蚁等都会以蝴蝶的卵、幼虫和蛹为食。蝶卵对于植物表面游荡的螨虫和蓟马这类微小捕食者来说是毫无防御的蛋白质浓缩胶囊，这些微小捕食者会吸干蝶卵的内容物，使卵干瘪并消失。蚂蚁也特别喜欢取食蝶卵。

在蝴蝶寄主植物上活动的其他捕食者还包括捕食性甲虫，如瓢虫。虽然瓢虫更常以蚜虫为食，并且替园艺爱好者和农民提供了宝贵的服务，但它们也会攻击并取食蝶卵和幼虫。步甲科（Carabidae）昆虫会从低矮的蝴蝶寄主植物（如禾草或阔叶草）上捕捉蝴

⮝ 蜻蜓在飞行的过程中捕猎，而蝴蝶常常成为被猎杀的目标，比如图中这只黑条拟斑蛱蝶正在被一只大型蜻蜓啃食

➶ 螨虫和蓟马会以蝶卵为食。图中的菜粉蝶的卵正被一只蓟马啃食

➤➤ 瓢虫以其捕食蚜虫并帮助控制蚜虫数量而闻名，但如果遇到蝴蝶的卵和幼虫的话，也会将它们吃掉

蝶幼虫，因此很可能是蛱蝶科眼蝶和豹蛱蝶的重要捕食者。

捕食蝴蝶幼虫的蝽类昆虫有很多，包括蝽科（Pentatomidae）、同蝽科（Acanthosomatidae）和猎蝽科（Reduviidae）物种 。这些蝽类昆虫在植物间游荡寻找猎物，通过探测并响应正在进食的幼虫所释放的气味来确定它们的位置，有时也通过它们进食发出的声音来定位。蝽类昆虫将它们针状的口器插入幼虫的身体中吸食其体液。还有许多种微小的蜂类也会杀死大量的蝶卵和幼虫。这些微小的蜂类只有几毫米长，因此很难评估它们对蝴蝶种群的影响，但这种影响可能相当大，尤其是它们还会传播病原体。

另一种偏好取食蚜虫但也吃蝶卵和幼虫的捕食者是草蛉。这些有着绿色网翅的捕食者幼虫是贪婪的取食者，它们看起来像缩小版的短吻鳄，有着可怕的大颚。

蚂蚁与蝴蝶之间有着多样的关系。大多数种类的蚂蚁将蝴蝶的卵和幼虫视为食物来源。有些蚂蚁会爬上灌木或树木，采集发现的所有卵和幼虫。许多灰蝶的幼虫都有一个特殊的腺体，可以分泌一种含糖溶液，用来引诱蚂蚁成为它的保镖而不是捕食者。佳灰蝶（见第 242—243 页）可能是蚂蚁照顾蝴蝶幼虫的最佳研究范例。蚂蚁不会攻击蝴蝶幼虫而是将其带回巢穴，聚集在它身边吸取腺体分泌的蜜露。这个蜜腺周围有一对可伸缩的气味腺体，在遇到危险时似乎会向蚂蚁传达警告信号，任何靠近它们的其他捕食者都会被蚂蚁迅速驱赶。许多蚬蝶科的幼虫也受到蚂蚁的保护，不过它们成对的触角末端有两个蜜腺而不是一个。

与蚂蚁共同生活的蝴蝶幼虫和蛹也可以通过声音与蚂蚁交流。但由于蚂蚁没有耳朵，声音的振动会通过寄主植物或其他物体表面传递，然后被蚂蚁的足感知。某些物种将与蚂蚁的共生关系提升到了更高的层次。许多肉食性的蝴蝶幼虫能够避免被那些保护蚜虫或其他吸植物汁液的蚂蚁所攻击；还有一些物种的幼虫，如拟蛾大灰蝶（见 90—91 页），生活在蚁巢内以蚂蚁为食。就像寄主植物之间的关联一样，蝴蝶幼虫与蚂蚁之间的关系通常也是专一的，并非所有蚂蚁都是适合的合作伙伴。

拟寄生物：从内而外的杀戮

如果说捕食者是蝴蝶世界中的狮子或老虎，那么拟寄生物就是外星人。就像电影《异形》中地球之外的生物一样，昆虫的拟寄生物会在宿主幼虫或蛹体内生长发育，一旦发育完成便会破体而出。

看不见的杀手

与寄生虫不同，寄生虫从宿主体内获取资源但通常不会杀死宿主，而拟寄生物则会导致宿主死亡。作为植物害虫的生物防治剂，拟寄生昆虫在农业和家庭园艺中非常重要。虽然一般来说蝴蝶不是害虫，除了恶名昭彰的菜粉蝶和以水果为食的线灰蝶之外，拟寄生昆虫是大多数蝴蝶卵、幼虫及蛹在成年之前死亡的主要原因之一。

以蝴蝶为目标的拟寄生物通常是小型至很微小的蜂类，或中等大小的蝇类，因此很少被人类注意到。当提到“黄蜂”这个词时，许多人想到的是体形大、条纹明显且具有攻击性的捕食性昆虫。而寄生蜂则完全不同，它们许多是黑色或棕色的，不用手持放大镜或显微镜很难观察到。寄生蝇通常比寄生蜂大，而且很像家蝇，不过它们的尾部有刚毛，可以通过这一点区分寄生蝇和家蝇。

对于大多数蝴蝶而言，拟寄生物在调节蝴蝶种群数量方面的作用至少跟捕食者一样重要，甚至更加重要。受影响的蝶卵、幼虫及蛹往往无法孵化、发育和羽化，而是产生一个或多个破体而出的拟寄生物，就像前面提到的外星生物那样。

« 寄生蜂（菜粉蝶盘绒茧蜂*Cotesia glomerata*）幼虫在大菜粉蝶幼虫体内吃掉其内脏后结成的茧

↗ 寄生蜂幼虫吃掉了堇蛱蝶幼虫的内脏，正在从其体内离开并形成茧。新一代寄生蜂将从这些茧中羽化

每种蝴蝶都有对应的拟寄生物

蝴蝶的卵、幼虫及蛹是物种极为众多的蝇类和蜂类拟寄生物的宿主。许多拟寄生物只会针对单一或近缘相关的蝴蝶种类，大多数蝴蝶都有针对它们的特定拟寄生物。

雌性拟寄生物会在宿主的某个生活史阶段，通常是卵、幼虫或蛹内部或表面产下一枚或多枚卵。随后，这些微小的幼虫在这个生活史阶段迅速发育，最终以成虫形态在同一个阶段或下一个阶段出现。寄生蜂常常将卵注入宿主体内，而大多数寄生蝇则将卵产在宿主的幼虫或蛹表面，可以被看到。微小的蝇蛆孵化后会钻到宿主体内。有些寄生蝇采取不同的策略：在宿主幼虫的寄主植物上产下成千上万枚卵，然后宿主幼虫在进食的时候吞食这些卵。

聪明的进食计划

一旦进入宿主体内，拟寄生物的幼虫会先摄取不重要的部分，如脂肪，然后取食更重要的器官，最终导致宿主死亡。被寄生的蝴蝶幼虫在死亡之前可能看起来仍然正常，直到临死前体色才会改变，然后停止进食，身体渐渐静止不动。最后，拟寄生物会穿透宿主的皮肤而出。

拟寄生物会减缓宿主的生长发育速度，以便自己有足够的时间完成发育。例如，某些蝴蝶幼虫的拟寄生物直到宿主变成蛹之后才会离开宿主体内。其他案例中，充分被喂养的拟寄生物幼虫会在死去的蝴蝶幼虫旁边形成一个茧，几天之后寄生蜂或寄生蝇的成虫便会从中羽化。

拟寄生物对群居的幼虫来说是一种非常严重的威胁。它们的发育速度很快，可以利用群居的蝴蝶幼虫产生多个世代。这就导致了蝴蝶种群的大量死亡。

种群“调节器”

拟寄生物对蝴蝶的种群调控被认为是导致某些蝴蝶种群兴衰的主要因素。例如，北美洲西部的凯丽蛱蝶，有些年份凯丽蛱蝶的数量非常庞大，但种群数量激增后通常伴随着接下来几年数量大幅减少的情况。凯丽蛱

蝶幼虫会在美洲茶属（*Ceanothus*）灌木上群聚，并使得叶片大面积脱落，而拟寄生物的种群很可能就在这些蝴蝶幼虫聚集区建立起来，最终导致蝴蝶幼虫宿主大量死亡。

研究人员也认为，拟寄生物是导致英国最受欢迎的蝴蝶之一——荨麻蛱蝶数量下降的主要原因。50 年前，荨麻蛱蝶在乡村、城镇花园等地景中几乎随处可见。而如今，它的种群数量大大减少，夏季只能看到少量个体。20 世纪 90 年代末，丽丛毛寄蝇出现在英国，研究表明，目前它是荨麻蛱蝶幼虫最主要的致死因素，它们的出现导致近一半的荨麻蛱蝶幼虫无法存活。这一新的死亡因素加上如今蝴蝶种群所面临的各种其他压力，就不难理解为什么荨麻蛱蝶种群在 21 世纪如此艰难了。

« 一只头部有寄生蝇卵的蝴蝶幼虫。蝇蛆将从卵中孵化，然后钻入蝴蝶幼虫体内，并以其内部器官为食

↖ 聚集在一起的凯丽蛱蝶幼虫可能会被蝇类和蜂类大量寄生，这会导致该物种种群数量剧烈波动

⌃ 丽丛毛寄蝇（*Sturmia bella*）是寄蝇科（Tachinidae）的寄生性蝇类。它可能是造成英国荨麻蛱蝶种群数量下降的原因之一

寄生虫：吸取资源但不致死

寄生虫是一种损害其他生物但又不会杀死它们，并借此生存的动物。对寄生虫而言，杀死宿主并不符合其最佳利益。有两种蝴蝶寄生虫已经被深入研究；一种是原生动物，另一种是螨虫。

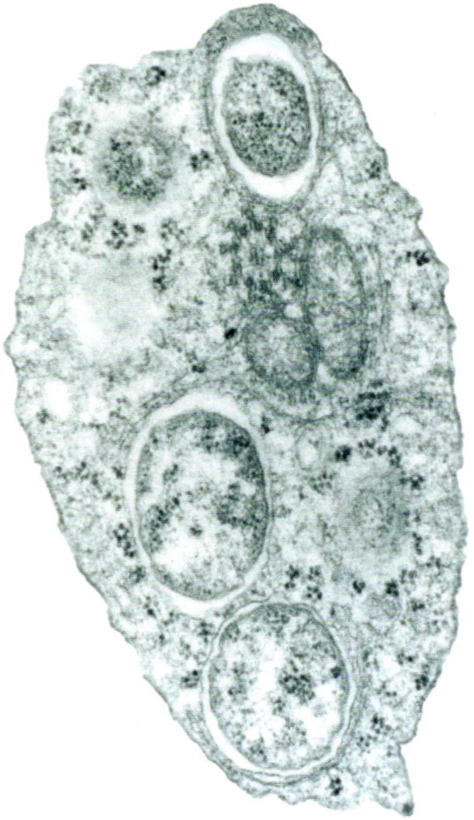

细菌中的沃尔巴克氏菌可以感染全球包括蝴蝶在内的多达一半的昆虫，它会改变某些种群的性别比例，使得雌性的数量更多

原生动物的重拳出击

蝴蝶很少受到那些会降低生存能力或适应性的寄生虫所困扰。然而，已有文献记载了两个例外的情况，并且可能还有其他尚未被发现的案例。

原生动物电毛囊藻（*Ophryocystis elektroscirrha*，简称 OE）是君主斑蝶及其几种近缘物种的常见寄生虫。这种寄生虫的休眠孢子存在于君主斑蝶的表皮、身体内外以及翅膀鳞片上。当雌性君主斑蝶产卵时，少量孢子会附着在卵上，孵化后的君主斑蝶幼虫会吃掉这些孢子。君主斑蝶产卵或访花时，一些孢子也会被转移到马利筋植物上，并可能被君主斑蝶幼虫吞食。

孢子一旦进入蝴蝶幼虫体内就会产生子孢子，在幼虫和蛹的生命过程中，子孢子在其肠道内发育成为寄生虫并繁殖。寄生虫在成蝶羽化之前会产生孢子，覆盖新形成的蝴蝶身体。如果孢子的数量过多，则可能导致蝴蝶翅膀发育畸形，严重的甚至会导致蝴蝶无法飞行并很快死亡。但这种情况在自然条件下较为罕见。

君主斑蝶与 OE 之间进行着一场持续且从未停止的较量，双方都在斗智试图胜过对方。在自

>> 红色的螨虫幼虫有时会附着在蝴蝶身上，但它们并不会伤害蝴蝶，可能只是把蝴蝶当作交通工具

然条件下，这导致两个物种处于相对平衡的状态，任何一方都不会占据上风。然而，人工饲养多个世代的君主斑蝶打破了这个平衡局面而有利于 OE 的发展，从而导致君主斑蝶大量死亡。

色彩鲜艳且无害的寄生虫

许多欧洲的蝴蝶都会被鲜红色的螨虫幼虫寄生，这些螨虫幼虫在宿主身上非常明显。螨虫幼虫潜伏在草丛和花朵上，当蝴蝶造访或停留在这些植物上时，它们就会附着在蝴蝶身上。螨虫幼虫一般附着在蝴蝶的胸部，并在那里插入口器吸取蝴蝶体液。令人惊讶的是，螨虫吸食蝴蝶体液似乎不会影响其寿命或飞行能力，一只蝴蝶身上可能有多达 10 只螨虫。除了从蝴蝶身上取食之外，螨虫还利用蝴蝶进行移动，从而使自己扩散到其他地景中。世界上其他地区的蝴蝶也会有螨虫寄生，尤其是热带地区。然而，人们除了知道这种相互作用对蝴蝶的生活无害、仅有一些打扰之外，几乎一无所知。

改变性别的寄生虫

蝴蝶中最常见的寄生虫无疑是细菌。许多种类的细菌已经演化出能够渗透到宿主体内并通过雌蝶的卵细胞传递给下一代的能力。这些细菌不能通过精子传播，因此如果种群中雌蝶多于雄蝶，则对细菌有利。雌蝶多意味着下一代中有更多细菌。因此，寄生菌会控制蝴蝶的生物学机制用以产生过量的雌蝶，而它们所采用的机制取决于细菌的种类和菌株。沃尔巴克氏菌（*Wolbachia pipientis*，一般称为沃尔巴克氏体）感染了地球上三分之一到二分之一的昆虫。它可以是良性的，也可以通过多种方式促进雌性后代的生产。有时候，它会导致雄性胚胎在成为卵之前死亡，这能防止雄蝶与雌蝶竞争食物。其他情况则必须是交配的雄蝶和雌蝶都感染相同的沃尔巴克氏菌株，还有一些变异菌株使雌蝶能够在不交配的情况下产下可育卵（孤雌生殖）。关于沃尔巴克氏体及其他寄生性细菌，如螺原体属（*Spiroplasma*）和卡迪尼属（*Cardinium*），是如何进入然后离开一个种群的具体机制，目前仍知之甚少。

病原体：病毒、细菌和真菌

就像人类一样，蝴蝶也会感染疾病。流行病可能会摧毁局部蝴蝶种群，这也是某些物种自然生态的一部分。蝴蝶的疾病可能由病毒、细菌或真菌引起，并且可能发生在昆虫生活史的任何阶段。

过度拥挤与潮湿

病原体是指能够伤害或杀死宿主的传染性微生物。细菌、病毒和真菌是最常见的病原体类群，它们引起的疾病可以迅速对蝴蝶种群产生重大影响，主要影响蝴蝶的卵、幼虫和蛹。幼虫集体进食以及潮湿的环境会增加病原体对蝴蝶生活造成显著影响的概率。

商业利用

苏云金芽孢杆菌（*Bacillus thuringiensis*，简写 Bt）是一种自然界存在的细菌，目前已经被开发成为一种针对昆虫幼虫的害虫控制剂。这种病原体已经可以被大规模使用，以控制各种取食针叶树的蛾类幼虫。一些 Bt 菌株能有效防治有害的幼虫，其他菌株则针对蝇类或甲虫，不会伤害蝶类和蛾类昆虫。一些真菌类的病原体也已被商业化用于害虫防治。

病毒汤

病毒是影响蝴蝶幼虫最重要、最值得注意的病原体。死于病毒感染的幼虫会因内脏器官分解和液化而变得瘫软无力。因此，感染病毒的幼虫通常会呈现出特定的悬挂姿态，通过前足或后足附着在物体上，体液从一端或两端滴下。

北美洲的白矩朱蛱蝶幼虫特别容易感染一种病毒，这种病毒可以在数年内消灭当地的种群。该病毒的传播可能因该蝴蝶幼虫的群居习性而加剧。病毒可以通过幼虫食用受污染的叶子传播，或者由受感染的雌蝶传给它们的卵。

细菌和真菌感染

细菌性疾病和真菌感染在蝴蝶种群中可能相对常见，但很少像病毒那样导致大规模暴发。亚致死性的细菌和真菌病原体可能会影响成蝶的寿命和繁殖力等。

真菌是蝴蝶病原体中最不为人所了解的类型，主要出现在降水量大、相对湿度高的热带和亚热带地区。自然发生的病原体是被了解得最少的蝴蝶天敌。毫无疑问，成蝶也会患病，但我们几乎不了解影响这个生命阶段的病原体。

‹‹ 一只感染了病毒的白矩朱蛱蝶幼虫，其内部器官正在分解，身体瘫软无力

›› 一只幼虫死于苏云金芽孢杆菌的孢子在其肠道中产生的毒素。苏云金芽孢杆菌是天然存在的细菌，有几种菌株作为生物杀虫剂被商业化生产

Aglais urticae

荨麻蛱蝶

爱好荨麻的常见蝴蝶

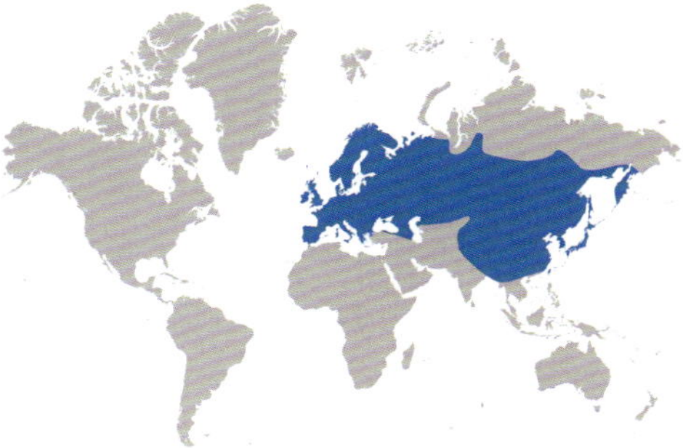

科别	蛱蝶科（Nymphalidae）
显著特征	具有鲜艳的橙红色、黑色、黄色和蓝色纹路
翅展	44—63 毫米
栖息地	庭院、道路、草地、公园和路边

荨麻蛱蝶是欧洲最常见的蝴蝶之一，它色彩鲜明，令人赏心悦目。荨麻蛱蝶是一种栖息地广幅种，既能在城市安家生存，也能居住在山顶，只要替其幼虫保留一片荨麻，并为成蝶种植一些蝴蝶灌丛，便会吸引繁殖种群来花园中定居。

这些色彩斑斓的蝴蝶在整个欧洲都很常见，因为它们在城市公园、花园以及更广阔的乡村地区是常见的栖息物种。如果你种植了蝴蝶灌丛，几乎可以肯定能在夏天看到荨麻蛱蝶吸食花蜜。如今在英国，荨麻蛱蝶的数量早已不似从前，这可能是由于一种寄生蝇杀死了它的幼虫导致的。荨麻是荨麻蛱蝶唯一的寄主植物，人们常常能在这些植物上看到荨麻蛱蝶幼虫及其丝质巢穴。但由于荨麻有刺毛，人们并不喜欢它。荨麻的丰富性和普遍性是荨麻蛱蝶能够在各种地景环境中被发现的重要原因之一。

年轻、多刺且喜群居

雌性荨麻蛱蝶会产下一团不整齐的卵，卵团中卵的数量可多达 100 枚，产卵时间长达一个小时。它们通常选择荨麻植株顶部阳光充足的大叶子来产卵。几周后，卵团中的幼虫啃破卵壳出来，然后一起织网。这些群居的幼虫就生活在自己织的网内，这可以保护它们免受捕食者的侵害。随着幼虫的发育，它们会在荨麻植株上移动并织出新的网。然后，幼虫会在生命过半时停止织网，并分开生活。此时，它们的防御方式转变为依赖身上的棘刺，当受到威胁时，它们会左右扭动身体，喷出绿色液体，并落到地面。成熟的幼虫有时还会在树叶上“搭帐篷”来躲避捕食者。

›› 荨麻蛱蝶是欧洲地区美丽且最常见的蝴蝶之一，非常适应贴近人类居住区生活，在其他地景中也能发现它们的身影

Papilio bairdii

俄勒冈凤蝶

美国俄勒冈州的"州蝶"

科别	凤蝶科（Papilionidae）
显著特征	黄色、蓝色和黑色的蝴蝶，具有一对红色的斑点
翅展	89—102 毫米
栖息地	干燥地区的峡谷、河岸和山坡

俄勒冈凤蝶分布于北美洲的西北太平洋地区，最近被确认出它与非常相似的金凤蝶是不同的独立物种。尽管它与分布在亚欧大陆、加拿大和阿拉斯加的近亲非常相似，但俄勒冈凤蝶拥有独特的寄主植物和栖息地。

在北美洲西北太平洋干旱的内陆地区，俄勒冈凤蝶生活在玄武岩峡谷、河岸和山坡上。这是一种非常特殊的栖息地，与它的姊妹种金凤蝶的栖息地有显著的差异，后者是广幅种。不同于金凤蝶的栖息地幼虫主要以伞形科植物（如芹菜和欧芹）为寄主植物，俄勒冈凤蝶的幼虫以菊科植物中的龙蒿（*Artemisia dracunculus*）为食。俄勒冈凤蝶的生命与其单一的寄主植物龙蒿紧密相连，该植物在夏季炎热干燥的环境下仍保持绿色且适口，这使得俄勒冈凤蝶每年能够繁育两代。

伪装成粪便

俄勒冈凤蝶的早龄幼虫为了自我保护，会像其他凤蝶幼虫一样伪装成鸟粪。这种伪装利用了一个合理的观点，即对潜在鸟类捕食者来说，它们不会把自己的粪便当食物。这种伪装本身很简单：深棕色至黑色的背景上有一个位置恰当的白色鞍状斑。对鸟类来说，这样的幼虫看起来就像粪便，也被当作粪便对待而被忽略，从而让蝴蝶幼虫能够安心进食和成长。

当然，大多数鸟类的排泄物并不大，也不具有三维结构，所以随着幼虫的成长，这种伪装效果会逐渐消失。当幼虫第三次蜕皮时，它会启用新的防御机制：一种警戒色的纹路。这种颜色模式大胆而醒目，最重要的是，它警告捕食者："我不好吃。"俄勒冈凤蝶幼虫从"鸟粪"变身为带有黑黄相间的条纹和斑点的引人注目的形态。如果有的鸟类仍然没有领会这个警告并靠得太近，那么幼虫就会从头部后面弹出一个散发出强烈气味的叉状"蛇舌"（臭角），作为最后的威慑手段。

俄勒冈凤蝶是这种华丽的蝴蝶在新大陆（指北美洲和南美洲）的名称，它也是美国俄勒冈州的特色昆虫

Jalmenus evagoras

佳灰蝶

与蚂蚁共同生活

科别	灰蝶科（Lycaenidae）
显著特征	翅膀背面水蓝色，腹面淡黄色，有黑色斑纹和后翅尾突
翅展	32—37 毫米
栖息地	开阔的灌木丛或亚热带桉树林

如果没有蚂蚁的保护，佳灰蝶的幼虫和蛹将无法抵御它们的天敌，因此它们有许多适应性措施，以确保与虹臭蚁属守护者建立健康的共生关系。

雌性佳灰蝶只有在检测到其相思树属寄主植物上有正确的蚂蚁种类时才会产卵，而且它们喜欢在幼树树干上的蚁道沿线产下卵团。佳灰蝶幼虫对蚂蚁具有极强的吸引力，它们的皮肤上布满了分泌氨基酸的小腺体，靠近后端处还有一个大型腺体——背部蜜腺器官（简写为 DNO），会分泌一种含糖和更多氨基酸的溶液。获得这些富含营养的分泌物都是有代价的。实验室中没有虹臭蚁陪伴的佳灰蝶幼虫最终会发育为更大的成蝶，这种成蝶在交配和产卵方面也更成功。然而在自然环境中，没有虹臭蚁保护的幼虫几乎 100% 会被捕食者和拟寄生物杀死。幼虫提供的营养补充对虹臭蚁来说非常有益，能够接触到幼虫的蚁群也会发展得更强大。

与蚂蚁的关联

佳灰蝶幼虫受到干扰时会从 DNO 附近的一对囊袋中伸出类似粉扑的器官。这些器官的出现会使蚂蚁变得异常兴奋，可能是因为它们闻起来就像蚂蚁的警戒信息素。当幼虫被拟寄生物或捕食者攻击时，这些器官散发的气味会使蚂蚁高度戒备。如果守护的蚂蚁数量较少，幼虫和蛹就会用特定频率的振动通过寄主植物的木质茎传递，以召唤更多的蚂蚁来保护自己。幼虫和蛹通常成群出现，每群大约有十几只或更多，常常被一层扭动的蚂蚁覆盖。成蝶一般出现在蚂蚁覆盖的、能够养育幼虫的相思树附近。雄蝶不会四处寻找配偶，而是守候在被蚂蚁覆盖的蝶蛹附近，直到雌蝶羽化。随后会发生一场激烈的争夺，通常最强的雄蝶会在雌蝶翅膀变硬之前与其交配。

一只雌性佳灰蝶停栖在一根被同种幼
虫啃食得光秃秃的树枝上

Danaus chrysippus

金斑蝶

君主斑蝶的旧大陆近亲

科别	蛱蝶科（Nymphalidae）
显著特征	橙色翅膀带有黑白斑纹，黑色身体上有白色斑点
翅展	73—79 毫米
栖息地	干旱开阔地带、花园和公园

金斑蝶的英文名 Plain Tiger 对于这种迷人的非洲 - 亚洲蝴蝶来说显得有些平淡无奇，因此人们大多使用更加宏伟的别名来称呼它，如 African Queen（非洲女王斑蝶）等。金斑蝶是君主斑蝶的近亲，它同样使用化学物质和警戒色来保护自己。

长期以来，人们认为金斑蝶分布在澳大利亚，在那里它被称为小流浪蝶，并被认为是流浪蝶（君主斑蝶在澳大利亚的俗称）的一个近亲。然而最近的研究表明，小流浪蝶实际上是另一个物种，即骑士斑蝶（*Danaus petilia*）。像它的澳大利亚近亲一样，金斑蝶确实是一种流浪蝶，它们游走在非洲和亚洲的各个生境中寻找其寄主植物马利筋。它偏爱开阔、干旱的地区，但你几乎可以在任何地景或栖息地中遇见它。

你吃的东西将会保护你

与君主斑蝶幼虫一样，金斑蝶幼虫也以马利筋属植物为食，并通过积累这些植物所含的强心苷为自己及随后的成蝶提供保护。无论是幼虫还是成虫都有警戒色，拥有醒目的黑、白、橙、红四色，警告所有潜在的脊椎动物捕食者它们不好吃。然而在许多情况下，这只是虚张声势罢了，因为并非所有的金斑蝶都有毒——许多马利筋属植物中的强心苷含量很少，甚至没有。不仅仅是无毒的金斑蝶利用了有毒近亲的优势，其他适口的蝴蝶也会模仿这种独特的颜色和翅纹，希望欺骗捕食者以为它们不好吃。此外，雄性金斑蝶可能通过取食含有吡咯里西啶生物碱的花朵来增加成虫阶段的不适口性。雄蝶还会利用这些化学物质合成吸引雌蝶进行交配所需的信息素。

›› 金斑蝶是君主斑蝶的近亲，并且两者经常被混淆，因此它也有一个别名叫“非洲君主斑蝶”

Mimacraea marshalli

金斑拟珍灰蝶

一种色彩鲜艳取食藻类的金斑蝶模仿者

科别	灰蝶科（Lycaenidae）
显著特征	金斑蝶的拟态者
翅展	35—40 毫米
栖息地	海拔 1200—1700 米的开阔森林中，常停栖于树干上

世事并不总是如表面所见。金斑拟珍灰蝶看起来很像那些与它们共存的有毒蝴蝶，但其幼虫以地衣和藻类为食，这使得它对天敌来说是完全可以食用的。

拟珍灰蝶属正如其拉丁名 *Mimacraea*（珍蝶的拟态者）所暗示的那样，这个类群的大多数成员都是珍蝶属的贝氏拟态者，珍蝶属物种主要分布于非洲，是一个种类繁多的蝴蝶类群。金斑拟珍灰蝶与有毒的云斑褐珍蝶（*Acraea encedana*）和黑点褐珍蝶（*Acraea encedon*）非常相似，而这些蝴蝶又是另一个有毒物种——金斑蝶的米勒拟态者。当它们一起出现时，就构成了一个“拟态环”，其中的物种不同但外观相似，一些种类通过毒素来抵御捕食者。

珍蝶属大约有 235 个物种，是世界上物种最多的属之一。该属的每个成员都被认为是捕食者不可食用的，并且它们通过独特的黑、红、橙、白或黄色翅纹组合来宣示这一点。值得注意的是，所有拟珍灰蝶属物种都与亲缘关系很远的珍蝶属或斑蝶属的模型物种相似。新热带地区米勒拟态蝴蝶基因组的相关研究表明，物种间的极度相似性往往是因为近缘物种杂交时翅纹基因互相交换所致。然而，珍蝶属拟态者与珍蝶属模型种之间的杂交永远不会成功，因为两者亲缘关系很远。因此，金斑拟珍灰蝶和金斑蝶之间不可思议的相似性是由趋同进化造成的。

以藻类为食的蝴蝶？

金斑拟珍灰蝶属于琳灰蝶族（Liptenini），这个类群所有成员的幼虫都有一个不寻常的食性——只吃藻类和地衣。虽然不少飞蛾也会吃这些普遍存在的食物，但在蝴蝶中，这种行为似乎仅限于这个完全分布于非洲的类群。它们的成虫也有不寻常的饮食习惯：不是以花蜜为食，而是吸食蚧壳虫分泌的蜜露——这是它们摄食植物汁液后所留下的甜稠排泄物。

倒挂着休息的金斑拟珍灰蝶

THREATS & CONSERVATION
威胁与保护

栖息地的丧失与碎片化

栖息地的丧失导致蝴蝶无家可归，这是现今蝴蝶数量比 50 年前减少的主要原因。一只蝴蝶没有了栖息的家园将无法生存与繁殖，种群也终将会灭绝。

城市化与扩张

在北半球，城市化的发展造成蝴蝶栖息地的丧失；而在南半球，导致蝴蝶栖息地丧失的主要原因是农业扩张。同时，蝴蝶种群数量在城市及周边地区下降的速度比广阔的乡村地区要快得多。现今城市区域的扩张速度几乎是人口增长速度的两倍。未来十年内，城市土地覆盖面积很可能增加 100 万平方千米以上。加利福尼亚甜灰蝶是北美洲唯一被确认因城市化而灭绝的蝴蝶。这种蝴蝶最后一次被发现是在 20 世纪 40 年代初。它们生活在旧金山半岛的海岸沙丘中，这些沙丘因开发而被推平。而最近的替代栖息地距离很远，超出了孤立半岛上种群能够到达的范围。虽然加利福尼亚甜灰蝶是一个很有说服力的案例，告诉我们有限栖息地被破坏将会发生什么，但世界上还有成千上万的蝴蝶物种由于城市发展直接导致栖息地减少和碎片化，其种群数量已经大幅下降。

农业扩张

商业性农业的扩张已经导致了全球许多自然栖息地的破坏。同城市扩张一起，农业

« 20世纪40年代初，最后一只加利福尼亚甜灰蝶于旧金山的沙丘栖息地被观察到。这种蝴蝶是由于栖息地遭到破坏而导致灭绝的最著名例子之一

↗ 在过去50年里，现代大规模农业已经造成了许多蝴蝶栖息地的破坏和碎片化，尤其在欧洲和北美洲

的发展是对蝴蝶种群的一种持续性的主要威胁，也是许多物种数量下降的原因。

现代大规模作物种植系统对蝴蝶种群的影响比小规模的家庭农场更为严重，后者通常会穿插着自然或半自然栖息地。在美国中西部，超过 40 万平方千米的土地几乎连续不断地被小麦、玉米和大豆所覆盖。在商业化农业之前，这里的地景多样且物种更丰富，支持了更多样的蝴蝶群落，但现在这个地区几乎没有天然的蝴蝶栖息地了。欧洲的农业也经历了扩张和集约化，这极大地降低了自然栖息地的可用性。人们为了种植油棕、橡胶、甘蔗、获取牧场及其他农牧产品而砍伐热带森林，已经摧毁了蝴蝶和其他生物的多样性和丰富度。

在南美洲，为了木材和牲畜养殖而进行的森林砍伐，每年都会砍掉难以计数的热带雨林。在亚洲，森林被清理主要是为了种植油棕，而其他树种如橡胶、相思树和桉树的种植也加剧了这个问题。

欧洲蝴蝶数量的下降

欧洲对蝴蝶的观察和研究历史比世界上大多数地方都要悠久。因此，在城市化和农业集约化的背景下，该地区的蝴蝶多样性和数量减少的情况也比其他地方有更详细的记录。在大多数欧洲国家，近几十年来有30%—80%的蝴蝶种类数量出现下降，在某些地区甚至有8%—30%的种类已经消失。

2022年，英国蝴蝶保护组织的科学家编写了一份英国蝴蝶保护状况的红色名录。在这个名录记载的58个物种中，有24种被列为受威胁状态，只有29种被认为不需要特别关注。自20世纪50年代以来，英国已经失去了97%的开花草地和80%的白垩草甸。如此大规模的栖息地丧失不可避免地导致了蝴蝶种群数量的下降。

栖息地的碎片化

虽然栖息地被分割成较小的区块并不像完全失去家园那样严重，但这也给蝴蝶带来了严重的生存问题。一般通则是较小的栖息地不如较大的栖息地好。这是因为较小的栖息地承载的资源和空间有限，因此限制了能够在那里生存的蝴蝶数量。规模较小的种群

在面对灾难或适应环境变化时的能力较弱。蝴蝶是否能够应对由道路、农田或建筑物造成的栖息地碎片化问题，关键在于它们到达下一个适宜栖息地的距离。它们能否轻易飞到那里？如果小片栖息地容易连接起来，那么蝴蝶就可以存活，其效果就像在一个大的连续性栖息地中一样。

分布广泛且活动能力强的蝴蝶，比如使用多种寄主植物来供幼虫取食的小红蛱蝶，对小区块栖息地非常适应，因此栖息地的碎片化对它们的影响最小。相比之下，局限于单一或少数几种寄主植物的蝴蝶，如橙红斑蚬蝶（见第270—271页），以及飞行能力有限的种类，则会受到栖息地碎片化的严重影响。

⌃ 橙红斑蚬蝶仅限于出现在它唯一的寄主植物黄花九轮草（*Primula veris*）所在的地方。当这些栖息地被分割或退化时，这种蝴蝶就变得非常脆弱

≪ 娆灰蝶属（*Arhopala*）大约有240个物种，其中四分之一的历史记录来自菲律宾，包括图中的喜娆灰蝶（*Arhopala silhetensis*）。经过半个世纪的森林砍伐后，菲律宾岛屿上剩余的森林面积已不到原来的四分之一，许多依赖森林的蝴蝶种类在数十年间未再被观察到

气候变迁：极端的压力

气候变迁及其带来的极端天气对蝴蝶的生存构成了严重威胁。随着全球气温的升高，物种中将会出现赢家和输者。赢家能够适应并利用那些变化条件，而输者则无法快速调整、应变。

危险来临的前兆

蝴蝶是环境指示生物，当所处的环境或栖息地出现问题时，它们往往是最早受到影响并做出反应的生物之一。温度对蝴蝶的生命活动有指导作用，过热或过冷的环境都会影响它们。气候持续变暖可能会为某些物种提供增强繁殖和扩展分布范围的机会，但对其他物种而言，这意味着生存空间的急剧缩小。

在逐渐变暖的世界中，那些能从几度额外的热量中获益的蝴蝶将成为赢家。这可能使某些种类在一个季节内能够产生三个世代，从而增加种群数量和可持续性。更温暖的气候也将允许一些物种向北扩展

‹‹ 银斑弄蝶在英国扩张它的种群数量，因为较温暖的夏季为繁殖提供了更好的机会

↗ 随着温度的上升，居住在高山栖息地的淡酒眼蝶面临着不确定的未来

其分布范围。例如，英国自21世纪初以来银斑弄蝶（*Hesperia comma*，见264—265页）的数量有所增加。这种蝴蝶曾经只有不到70个分布地点，而现在可以在超过200个地方找到它，气候变暖在这个复苏的过程中扮演了重要角色。

而那些生活在凉爽或温和气候的地区，并且不能迅速适应温度上升的蝴蝶，在变暖的世界中可能是输家。典型的例子是高海拔山地蝴蝶物种。其中一种是淡酒眼蝶（*Oeneis melissa*），它生活在从日本到西伯利亚及北美洲的高山山顶。当山顶温度升高时，这种蝴蝶会面临什么？它无法迁移到更高、更凉爽的地方。它能否适应更温暖的气候，还是会面临灭绝？只有时间才能给出答案。

极端的天气与恶劣的栖息地

极端天气事件，如热浪、洪水、非季节性的霜冻和干旱，都会对蝴蝶种群产生不利影响。英国蝴蝶多度的长期数据显示，热浪对蝴蝶种群的影响可能持续数年。虽然活动能力较强、较成熟的幼虫和成蝶可以在极端高温时寻找阴凉的地方，但蝶卵和早龄幼虫特别容易在极端高温下因干燥而死亡。

碎片化或退化的栖息地对极端天气的缓冲作用不如大型、完整、高质量的栖息地。例如，在一个开阔的蝴蝶栖息地中，深邃幽暗的树林可以为蝴蝶在天气过热时提供宝贵的凉爽避难所。伐木严重破坏了君主斑蝶用作冬季庇护所的冷杉林。这些蝴蝶栖息的小区域森林被破坏，也同样破坏了气候缓冲区，使得君主斑蝶越冬种群更容易受到致命的霜冻事件影响。

农药：即刻或缓慢的死亡

蝴蝶很少是农药的直接目标，但它们非常容易受农药的危害。在错误的时间出现在错误的地方意味着可能面临即刻死亡。虽然今天的农药对人类来说更安全，但它们对昆虫仍然是致命的。就像第一代农药 DDT 一样，我们正逐渐意识到，现今的农药可能成为像蝴蝶这样无辜物种缓慢、无声且持续的致死因素。

必要之恶？

农药是人类现代生活的一部分。目前地球上有 82 亿人口（2024 年），每个人都要吃饭。如果没有农药防止害虫造成的作物损失，那么挨饿的人数会比现在更多。杀菌剂能杀死植物上的真菌病害，除草剂用于控制杂草，杀虫剂用来消灭害虫。然而，这些合成的化学物质很有可能以明显或不易察觉的方式影响着所有的生物。

寂静的春天？

蕾切尔·卡森（Rachel Carson）于 1962 年出版的《寂静的春天》（*Silent Spring*）警告人们农药对环境造成的危害，特别是有机氯杀虫剂 DDT 所导致的“无声”伤害。这种化学物质会在食物链中持久存在，对野生动物造成不易察觉的长期影响。

到了 20 世纪 90 年代，一种新的杀虫剂被引用，并且迅速成为现今全球最广泛且常用的杀虫剂。这类杀虫剂被称为新烟碱类杀虫剂，它们对害虫非常有效。然而，与有机氯化合物一样，新烟碱类杀虫剂也是持久性的，并且会对蝴蝶和其他非目标昆虫造成亚致死影响，比如降低繁殖率、缩短寿命等。

在少数已测试的蝴蝶种类当中，暴露在微量新烟碱类杀虫剂的蝴蝶幼虫显示出发育迟缓的情况。一项研究测试了使用小剂量新烟碱类杀虫剂喂食君主斑蝶后对其寿命的影响，这些暴露于新烟碱类杀虫剂的君主斑蝶在三周内的死亡率高达 80%，而未接触新烟碱类杀虫剂的死亡率为 20%。

欧盟注意到，新烟碱类农药会对授粉及有益昆虫产生有害影响，并于 2018 年实施了对这些化学物质在户外的使用禁令。

有机是最好的选择

鉴于农药对蝴蝶影响的许多未知因素，最好采取仅使用有机方法的政策。无论涉及的栖息地是花园还是自然区域，都应不遗余力地确保这些地方没有农药，以保护生活在其中的蝴蝶及其他有益昆虫。另外，有机种植还可以避免任何可能对人类健康造成的长期负面影响。

⌃ 现代农业伴随着农药的使用，而多数农药对蝴蝶是有害的。目前正在积极推进相关措施以改善农业与蝴蝶等有益昆虫之间的关系。有机作物生产大大限制，甚至完全摒弃了化学合成物质的使用，能与昆虫互相兼容

›› 当在空中喷洒杀虫剂以控制蛾类幼虫害虫时，像线灰蝶类这样的森林蝴蝶就会受到影响

考量蝴蝶的耕作与园艺设计

在人口密集或以农业为主要产业的国家，蝴蝶的未来取决于如何调整耕作方式和园艺实践，以提供蝴蝶生存所需的资源。

与蝴蝶共存的农业

现今及未来与日俱增的农业和作物生产有潜力对蝴蝶更加友善。然而，数十年来的农药使用已经对全球昆虫的数量和多样性造成了严重危害。如今，一些农民使用更温和的化学物质，这些化学物质能更精准地针对害虫，并减少对其他昆虫的影响。通往无农药的未来道路上可能会遇到一些问题，比如新烟碱类杀虫剂未预见的亚致死影响。然而，在某些地区、对于某些作物来说，确实有潜力在农作物周边维持蝴蝶栖息地。

↗ 在北美洲西北太平洋地区，艾卡灰蝶属（*Icaricia*）的蓝灰蝶类成员可以在自然景观设计的葡萄园中生存繁殖

<< “美是内外兼修”这个概念是指在农田及其周围利用本土开花植物来提升有益昆虫的种群数量，以改善害虫的生物防治与授粉效果

美是内外兼修

在美国华盛顿州，酿酒葡萄的种植园内几乎不使用农药。那里的害虫较少，并且大多数害虫可以通过当地天敌进行生物防治。在葡萄园周围甚至葡萄藤行间复育本土植物和原生栖息地，进一步增强了生物防治效果。除了减少农药对蝴蝶和其他传粉昆虫造成的伤害外，这种更自然的方式也为它们提供了更多栖息地和资源。因此，在华盛顿州复育的栖息地或进行“自然景观设计”的葡萄园中，繁荣的蝴蝶种群已经成为一大特色。

如今，农业害虫防治已经从化学防治转为生物防治，这种防治方法的好处将在其他领域显现。

放牧对蝴蝶有益

许多生活在热带稀树草原的蝴蝶依赖野生动物吃草来维持它们栖息地的稳定。如果没有这些食草动物，杂草的生长就会抑制蝴蝶草本寄主植物的生存。如果脊椎动物没有吃掉木本植物的幼苗，那么灌丛灌木就会将草地栖息地变成灌丛地，从而赶走草地蝶类。

同样的过程也可能发生在有牛、羊、马的牧场。牧场中的放牧活动允许草地蝴蝶的寄主植物存在，并支持银带宝蛱蝶（*Boloria selene*）等草地蝶类的生存。放牧活动还确保喜地面活动的蝴蝶，如弄蝶类，能够获得足够的光照和温暖，以便繁殖和生存。

建立蝴蝶花园

创建蝴蝶花园的想法已经存在一段时间了，英国政治家温斯顿·丘吉尔在第二次世界大战后不久创建了一个蝴蝶花园。然而，最近一二十年这个想法才真正逐渐被公众所接受。现在，发展家庭花园作为“袖珍自然保护区”被认为是帮助缓解城市地区蝴蝶种群数量下降的重要策略。通过创建一个蝴蝶花园，你可以为保护你所在社区的蝴蝶、传粉昆虫和其他有益昆虫做出有意义的贡献。

蜜源

要成功打造一个蝴蝶花园，就必须提供蝴蝶所需的资源。首先需要的当然是营养，这主要来自花朵的花蜜。但并非所有花都是蝴蝶的良好蜜源，它们也有自己的偏好。像雏菊这样有平头花序的花，便于蝴蝶着陆和停留，因此受到许多种类的喜爱。联毛紫菀属（*Symphyotrichum*）和其他紫菀属植物也是吸引蝴蝶的主要植物。使用蝴蝶灌丛（醉鱼草属 *Buddleja*）和马缨丹属（*Lantana*）植物

‹‹ 野生或圈养动物的放牧对于维持银带宝蛱蝶这样的蝴蝶种群繁衍非常重要。如果没有放牧活动，草地蝶类的寄主植物就会被木本植物遮挡住，所需的光照逐渐减少，导致蝴蝶的寄主植物也越来越少

›› 夏季与秋季绽放的各种花朵可以吸引许多蝴蝶

蝴蝶花园

创建蝴蝶花园的想法自维多利亚时代就已经存在了。然而，这个想法在近一二十年才真正深入人心。如今，发展居家庭院作为“袖珍自然保护区”被认为是帮助缓解城市地区蝴蝶种群数量下降的重要策略。一个蝴蝶花园可以帮助保护蝴蝶和其他有益的传粉昆虫。

时应小心，因为这些植物在某些地区可能是入侵物种，会破坏本土植物群落。

正如第 62—67 页所提到的，蝴蝶也会利用其他营养来源，如过熟的水果、湿润的泥土、动物粪便和腐肉。虽然动物尸体和排泄物不适合出现在家庭花园中，但提供一块湿润的土地让蝴蝶啜饮并获取额外的矿物质是个好主意。一碗过熟的水果有时也能吸引蝴蝶。

“寄养”幼虫

虽然迷人的花朵可以将蝴蝶引诱到花园中，但它们补充完花蜜就会离开。蝴蝶生活的第二个需求是用来产卵的寄主植物。拥有这些植物的花园可能会吸引蝴蝶来产卵，从而成为下一代的孕育之地。例如，在你花园中一个不显眼的地方种植一片荨麻，就可以为欧洲、北美洲、非洲北部、亚洲和大洋洲的许多蝴蝶幼虫提供食物。优红蛱蝶、荨麻蛱蝶和孔雀蛱蝶的寄主植物都是荨麻，它们会来种植荨麻的郊区花园产卵。

在北美洲或澳大利亚东部的郊区花园中种植一片马利筋通常会吸引雌性君主斑蝶前来产卵。在欧洲，某些杂草，如酸模属植物是灰蝶亚科成员幼虫的食物来源；而在北美洲，锦葵科植物则是弄蝶幼虫的食物来源。如果你有一个较大的花园并且可以留一块地种本地禾草，那么这些草可能会被取食禾草的物种所利用，例如眼蝶和弄蝶。

花园结构

蝴蝶偏好具有结构与多样性的栖息地：树木和灌丛供它们停歇，开阔地可以让它们晒太阳，以及可供它们巡游的走廊。这些都有助于它们完成生活中的重要任务。

花园空间越大，能吸引和维持更多种类蝴蝶的潜力就越大。不过，即使是非常小的花园，甚至盆栽植物，也可以为经过的蝴蝶提供重要的“补给”。创建一个成功的蝴蝶花园需要了解该地区特有的蝴蝶和植物。充分了解可能访问你花园的蝴蝶，以及它们对花蜜和寄主植物的需求是至关重要的，这样可以确保能创造出适合当地情况且有效的“蝴蝶绿洲”。

« 雌性优红蛱蝶会在欧洲和北美洲的郊区花园及公园中偏僻的荨麻丛上产卵并养育后代

» 漂亮迷人的孔雀蛱蝶是欧洲花园中的常客，它们被一系列吸引蝴蝶的开花植物所吸引

Hesperia comma

银斑弄蝶

带斑点的普通弄蝶

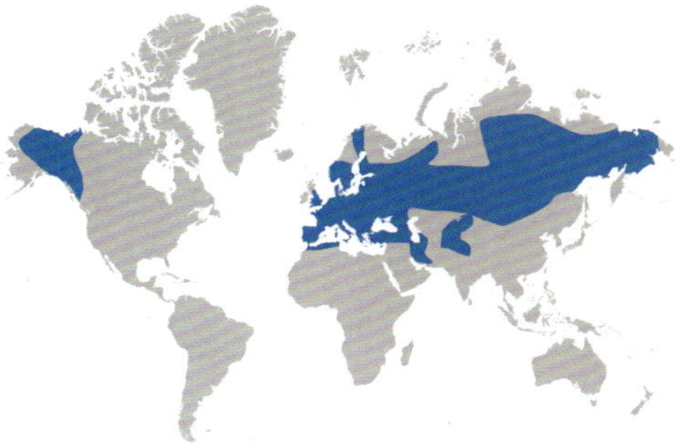

科别	弄蝶科（Hesperiidae）
显著特征	具有银斑的金色弄蝶
翅展	25—32 毫米
栖息地	温暖的白垩草地，尤其是朝南的坡面

银斑弄蝶是一种从北美洲至亚洲广泛分布的蝴蝶。它在北美洲被称为 common branded skipper（普通带斑弄蝶），因为另一种北美洲物种银斑饴弄蝶（*Epargyreus clarus*）的英文俗名使用了其欧洲种类的名称（Silver-spotted skipper）。

银斑弄蝶是一种喜欢温暖环境的蝴蝶，其在英国的分布北限为英格兰南部。在这里，它的活动范围局限于密集放牧的白垩低地，这些地方生长着银斑弄蝶幼虫的食物——羊茅（*Festuca ovina*）。雌雄两性都会花大量时间晒太阳，或在各种花朵上觅食。

银斑弄蝶需要至少 20℃的温度才能飞行。寻找配偶时，雄蝶会在阳光下的禾草叶片上栖息，并迅速飞出勘查经过的昆虫。雌蝶将卵单产在羊茅上，它们偏好较矮的植株（1—4 厘米），周围通常有裸露的地面。雌蝶只在地表温度达到 25℃或更高时才产卵。蝶卵越冬后，幼虫会在来年春季发育，到七月变成成蝶。

气候变迁中的赢家

银斑弄蝶受益于气候变暖，现在在英格兰南部的种群数量大约是 50 年前的四倍。兔子在草地栖息地吃草是另一个促进该物种种群成长的因素，这为蝴蝶开辟了晒太阳和产卵所需的温暖微生境。通过引入牲畜进行仔细、适时的放牧活动为蝴蝶提供温暖微生境的保护，也成为该物种成功故事的一部分。

›› 银斑弄蝶是英国少数几种随着夏季变得更温暖、阳光更充足而表现得更好的蝴蝶之一

Lasiommata megera

毛眼蝶

因气候变迁而失去“立足之地”

科别	蛱蝶科（Nymphalidae）
显著特征	橙色和黑色的蝴蝶，后翅上有多达十个眼斑
翅展	38—55 毫米
栖息地	草地及裸露和石头多的地面（包括沙丘和采石场）

毛眼蝶曾经是英国常见的蝴蝶，但现在已从许多以前出没的内陆地区消失了，其原因很可能是因为气候持续变暖。如今，它主要分布在海岸地区。

正如毛眼蝶的英文名称 Wall Brown 所示，它喜欢在墙壁上晒太阳，实际上，任何温暖的表面它都喜欢。毛眼蝶有一种特殊行为，就是休息时会将翅膀展开至三分之二，反射热量到身体上以提高体温，并在需要时能迅速飞离。如今，英国的毛眼蝶主要分布在沙丘和沿海悬崖上，种群数量少且分散。雌蝶会在低矮的寄主植物草丛中产卵。

雄性毛眼蝶的领地意识非常强，常停歇在阳光充足的地方，随时准备冲出去拦截任何路过的蝴蝶。它们会使用一些策略寻找雌蝶，比如沿着小径巡游或攻顶求偶。一旦找到雌蝶，就会一直追逐它直到降落到地面上，然后交配。

气候变迁中的失败者

毛眼蝶在英国数量下降的原因曾是一个谜，直到后来的研究表明，它是气候变迁的受害者。正常情况下，毛眼蝶每年有两个世代，一个在五月初，另一个在七月底，第二个世代的未成熟幼虫会越冬。然而近年来，英国经历了温暖的夏季，特别是内陆地区，于是第二代幼虫会继续发育，导致九月出现第三个世代的成虫。不幸的是，秋季的天气通常不能让第三代幼虫顺利达到越冬阶段，这意味着它们和局部种群将会灭绝。在较凉爽的沿海地区，它们不会被迫发生第三个世代。这就是为什么现在英国的沿海地区栖居着大多数的毛眼蝶种群。

›› 毛眼蝶是英国众多经历种群数量下降的蝴蝶之一。气候变暖对它产生了负面影响

Ornithoptera richmondia

里士满鸟翼凤蝶

大而壮观的澳大利亚蝴蝶

科别	凤蝶科（Papilionidae）
显著特征	黑色，具有鲜明的金属绿斑纹
翅展	130—150 毫米
栖息地	亚热带雨林的低地与高地

壮观的里士满鸟翼凤蝶是澳大利亚东部最大的蝴蝶。不幸的是，因栖息地的破坏与碎片化，它正面临着威胁，种群数量也下降了超过一半。

里士满鸟翼凤蝶生活在低地亚热带雨林中，那里生长着它的寄主植物——马兜铃科（Aristolochiaceae）的本土藤本植物。这种蝴蝶飞行能力强，通常在清晨和黄昏时活跃于雨林树冠层。求偶过程较为复杂，雄蝶会追逐雌蝶，并悬停在雌蝶上方撒下信息素。幼虫体形大而粗壮，而且在四到六周的发育期间会吃掉大量食物。每年有两三个世代，以蛹的形态越冬。

里士满鸟翼凤蝶具有性二态性，即雌雄蝶外观不同。体形较大的雌蝶没有雄蝶那种虹彩般的绿色，而是深棕色或黑色，并带有奶油色和黄色斑纹。

有毒的诱骗者

一种与里士满鸟翼凤蝶的本土寄主植物同科的外来植物物种会诱使雌蝶于其上产卵。然而，这种被称为美丽马兜铃（*Aristolochia littoralis*）的植物对其幼虫有毒，没有任何幼虫能够存活下来。

这种植物学上的外观相似物是导致里士满鸟翼凤蝶数量下降的重要因素之一，人们正尽可能移除这些藤本植物。幸运的是，里士满鸟翼凤蝶复育计划正帮助它们建立现有种群之间的生态走廊，并通过种植和养护本土寄主植物来维持其种群数量。

里士满鸟翼凤蝶的幼虫

里士满鸟翼凤蝶的幼虫单独生活，如果同一条藤蔓上的里士满鸟翼凤蝶幼虫超过一只，则可能有同类相食的倾向。

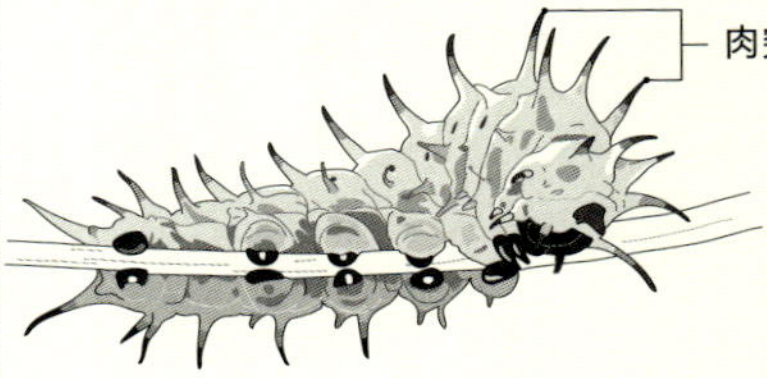

1870年，里士满鸟翼凤蝶曾在布里斯班街头出现。但如今，由于栖息地的丧失和碎片化，这种蝴蝶只能在布里斯班北部和南部的雨林残余地区找到

Hamearis lucina

橙红斑蚬蝶

带有小型金属印记的蚬蝶

科别	蚬蝶科（Riodinidae）
显著特征	棕色和橙色的蝴蝶，带有类似豹蛱蝶的棋盘格图案
翅展	25—33 毫米
栖息地	开阔森林中的空地以及放牧的白垩草地和石灰岩草地

橙红斑蚬蝶是欧洲唯一的蚬蝶家族代表。它稀疏的群落分布在欧洲大部分地区以及温带亚洲的部分地区。

区分这种蝴蝶性别最简单的方法是数腿：雌蝶有六条腿，而雄蝶只有四条功能性的腿。橙红斑蚬蝶曾经广泛分布于英格兰和威尔士的大部分地区，但如今只剩下少数种群，主要集中在英格兰南部。成蝶在四月末或五月初羽化，每年只繁育一代。橙红斑蚬蝶在晴朗的早晨最为活跃，并且很少远离它们的繁殖地。雌雄两性会在草丛或小灌木的遮蔽处晒太阳。它们偏好北向或西向的坡面，因为寄主植物黄花九轮草在那里长得更茂盛。

有斑点的蛹

橙红斑蚬蝶的蛹颜色较浅，具有斑点，并且蛹上的毛异常多。蛹一般在地上或接近地面的位置形成、越冬。

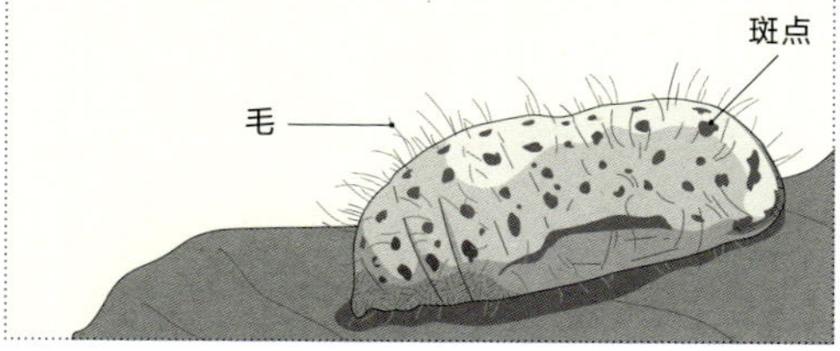

状态改善

在英格兰，随着能维护林间空地的森林管理措施的停止，橙红斑蚬蝶的数量有所下降，因为林间空地是种群生存不可或缺的。据估计，在 1950 年至 1990 年间，大约 98% 的森林种群消失了，因此英格兰现存大多数的橙红斑蚬蝶种群都分布在白垩草地和石灰岩草地。然而，这种蝴蝶在这里也很脆弱，需要充分饲养兔子以保证黄花九轮草和幼虫的最佳生长。

在过去十年里，由于保护组织实施了适当的栖息地管理策略，橙红斑蚬蝶的现状已有所改善。策略之一就是细心管理放牧活动，以确保对寄主植物和幼虫的损害降到最低。

橙红斑蚬蝶曾被称为勃艮第豹蛱蝶，因为其翅膀的颜色和图案与豹蛱蝶相似

Paralucia pyrodiscus lucida

埃森姆耙灰蝶

曾经被认为灭绝的澳大利亚蝴蝶

科别	灰蝶科（Lycaenidae）
显著特征	棕黑色，有明亮的铜色斑纹
翅展	25—27 毫米
栖息地	混合桉树林和开阔森林

埃森姆耙灰蝶是耙灰蝶（*Paralucia pyrodiscus*）的一个亚种，是澳大利亚特有的物种。虽然耙灰蝶在澳大利亚东部广泛分布，但埃森姆耙灰蝶仅分布在维多利亚州南部三个地区之间的 25 个群落中。

埃森姆耙灰蝶曾在 20 世纪 50 年代被认为已经灭绝，但 1986 年在澳大利亚墨尔本郊区埃森姆被重新发现。自那时起，这种被列为濒危物种的蝴蝶受到了大量关注和保护。2020 年，人们在墨尔本郊区发现了一个新的埃森姆耙灰蝶种群，导致数百米新铁路轨道建设计划被取消。栖息地的丧失和碎片化被认为是埃森姆耙灰蝶数量下降的原因。

作为保镖和向导的蚂蚁

埃森姆耙灰蝶依赖于群心木（*Bursaria spinosa*），这是其幼虫发育的唯一寄主植物。对这种蝴蝶来说，另一个至关重要的因素是诺山蚁属（*Notoncus*）蚂蚁的存在。埃森姆耙灰蝶幼虫白天生活在这些蚂蚁的地下巢穴中。到了晚上，当天气足够温暖时，蚂蚁会引导埃森姆耙灰蝶幼虫离开巢穴，到群心木上进食。蚂蚁总是很殷勤地保护幼虫免受捕食者的侵害。作为回报，幼虫会从特殊的腺体分泌蜜露给蚂蚁。天亮时，蚂蚁再引导幼虫回到巢穴的安全地带。这种关系会持续 10—11 个月，直至幼虫在蚁巢附近或内部化蛹。

蚂蚁与幼虫

埃森姆耙灰蝶幼虫的生命仰仗于蚂蚁。蚂蚁保护并“饲养”它们的幼虫。它们的回报是什么？是一种甜的含糖溶液。

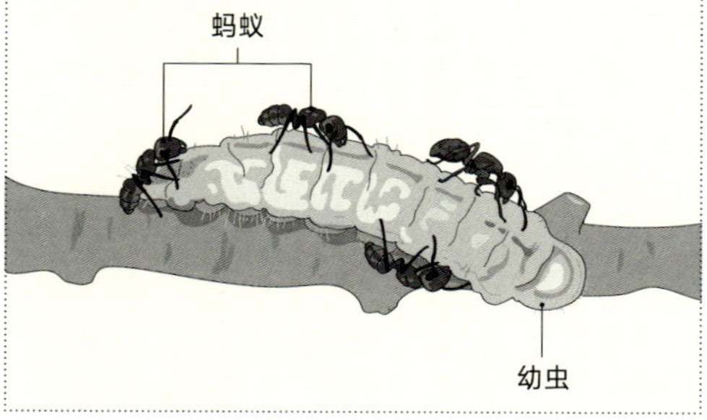

埃森姆耙灰蝶曾被认为已经灭绝，但现在成为澳大利亚蝴蝶保护的象征。随着公众的关注和社会的支持，它们的状况逐渐得到了改善

GLOSSARY
术语表

- **暴发** 种群数量突然大幅地增长。
- **避难所** 在栖息地丧失期间，一个物种栖息在它过去分布范围中的一部分。
- **表皮** 覆盖在昆虫身体的硬化壳多糖层。
- **滨水带** 靠近水道或水体的潮湿栖息地。
- **产卵器** 从昆虫的输卵管延伸出来的管状产卵器官。
- **虫粪** 昆虫的排泄物。
- **臭腺** 位于大龄期凤蝶幼虫头部后方的 Y 形防御性腺体。
- **多度** 表示一个种群在群落中个体数目的多少或丰富程度的指标。
- **非生物因素** 生态系统的非生命成分，如水、温度、阳光、营养和土壤，都可能影响蝴蝶的寿命。
- **骨化** 由硬骨蛋白沉积引起的昆虫表皮硬化。
- **黑化** 蝴蝶幼虫或成蝶的黑色型。
- **化性** 一年中发生的世代数目。
- **喙** 蝴蝶用来取食花蜜的盘曲状觅食管状构造，是口器的一部分。
- **交尾栓** 雄蝶的一种结构，在交配过程中会脱离并且用来封闭栓塞雌蝶的交配管。
- **精包** 雄蝶产生的胶囊状构造，内含精子和营养物质。
- **警戒色** 对潜在的捕食者而言意味着不好吃的警戒色彩和警戒图纹。
- **旧大陆** 欧洲、亚洲和非洲的东半球大陆。
- **绝迹** 一个物种的区域灭绝。
- **龄期** 不同的幼虫阶段，由蜕皮来划分。
- **卵巢管** 昆虫卵巢的管状部分。
- **脉序** 昆虫翅膀上的翅脉系统。
- **拟寄生物** 一种寄生生物，它的寄生现象会导致宿主死亡。
- **壳多糖** 构成昆虫外骨骼主要成分的一种多糖类物质。
- **求偶场** 雄性聚集在一个可以吸引雌性或雌性出没的地方。
- **全北界** 北方动物区系，包括欧洲、亚洲和北美洲。

- **群聚** 蝴蝶成蝶或幼虫聚集在一起或形成一个群体。
- **日行性** 仅在白天活动。
- **衰老** 成熟后期活力和能力的下降。
- **提纯** 从取食的寄主植物中储存防御性化学物质。
- **臀棘** 位于蝴蝶蛹体末端的微小钩状结构，能够附着和支撑蛹。
- **物候学** 生物学事件发生的时间规律，通常与天气、季节和气候变化有关。
- **新大陆** 世界的西半球，主要是美洲大陆。
- **新烟碱类化合物** 在化学性质上类似于尼古丁的一类持久性神经活性杀虫剂。
- **形态** 一种生物的形式或它的特性。
- **血淋巴** 昆虫的血液。
- **隐蔽** 生物利用自身颜色、图案或形状融入周围环境隐藏自己进而躲避天敌的能力。
- **蛹** 全变态类昆虫生长发育过程中一个相对静止的虫态，处于幼虫和成虫之间。
- **羽化** 成蝶从蛹中蜕皮而出的过程。
- **滞育** 在生命周期中，生理实行休眠的一段时期。

>> 黄裙圆粉蝶

BUTTERFLY FAMILIES
蝴蝶分科名录

分类学，即关于生物命名与分类的学科，一直在持续不断的变化。研究人员几乎每天都在描述新的物种，并决定某些物种应该被合并到其他物种中。推断演化历史的遗传学研究也正在改变人们对构成属、科或亚科的看法。大卫 · J. 罗曼（David J. Lohman）及其同事河原（Kawahara）等人最近（2023 年）对蝴蝶演化史的研究表明，蝴蝶的分类需要进行许多更改，而这些更改尚未体现在以下这些统计之中。这份列表总结了截至 2023 年蝴蝶当前的分类组织情况，所有蝴蝶均被归类于凤蝶总科（Papilionoidea）。

凤蝶总科 Papilionoidea 7 个科 42 个亚科 1909 个属 超过 19,500 种
喜蝶科（丝角蝶科） Hedylidae 无亚科 1 个属 36 个种
弄蝶科 Hesperiidae 13 个亚科 641 个属 约 4200 种
舟弄蝶亚科 Barcinae 2 个属
姹弄蝶亚科 Chamundinae 1 个属
竖翅弄蝶亚科 Coeliadinae 9 个属
珍弄蝶亚科 Eudaminae 56 个属
缰弄蝶亚科 Euschemoninae 1 个属
弄蝶亚科 Hesperiinae 361 个属
链弄蝶亚科 Heteropterinae 15 个属
卡特弄蝶亚科 Katreinae 2 个属
妆弄蝶亚科 Malazinae 1 个属
花弄蝶亚科 Pyrginae 113 个属
红臀弄蝶亚科 Pyrrhopyginae 35 个属
裙弄蝶亚科 Tagiadinae 26 个属
梯弄蝶亚科 Trapezitinae 19 个属
灰蝶科 Lycaenidae 7 个亚科 452 个属 约 5500 种
噩灰蝶亚科 Aphnaeinae 17 个属
银灰蝶亚科 Curetinae 1 个属
灰蝶亚科 Lycaeninae 9 个属
云灰蝶亚科 Miletinae 14 个属
眼灰蝶亚科 Polyommatinae + 线灰蝶亚科 Theclinae* 353 个属
圆灰蝶亚科 Poritiinae 58 个属
蛱蝶科 Nymphalidae 12 个亚科 549 个属 约 6300 种
闪蛱蝶亚科 Apaturinae 19 个属
苾蛱蝶亚科 Biblidinae 40 个属
绢蛱蝶亚科 Calinaginae 1 个属
螯蛱蝶亚科 Charaxinae 18 个属
丝蛱蝶亚科 Cyrestinae 3 个属
斑蝶亚科 Danainae 58 个属
袖蝶亚科 Heliconiinae 33 个属
喙蝶亚科 Libytheinae 2 个属
线蛱蝶亚科 Limenitidinae 45 个属
蛱蝶亚科 Nymphalinae 56 个属
秀蛱蝶亚科 Pseudergolinae 4 个属
眼蝶亚科 Satyrinae 270 个属
凤蝶科 Papilionidae 3 个亚科 31 个属 约 600 种
宝凤蝶亚科 Baroniinae 1 个属
凤蝶亚科 Papilioninae 20 个属
绢蝶亚科 Parnassiinae 10 个属
粉蝶科 Pieridae 4 个亚科 87 个属 超过 1100 个种
黄粉蝶亚科 Coliadinae 18 个属
袖粉蝶亚科 Dismorphiinae 7 个属
粉蝶亚科 Pierinae 61 个属
蓝粉蝶亚科 Pseudopontiinae 1 个属
蚬蝶科 Riodinidae 3 个亚科 148 个属 约 1500 种
优蚬蝶亚科 Euselasiinae 10 个属
古蚬蝶亚科 Nemeobiinae 17 个属
蚬蝶亚科 Riodininae 121 个属

---

* 已有证据表明，眼灰蝶亚科的物种可归属线灰蝶亚科，但这两个亚科目前尚未在正式分类中合并。

RESOURCES
参考资料

书籍

Ackery, P.R. and R.I. Vane–Wright. *Milkweed Butterflies, Their Cladistics and Biology*. (British Museum, 1984)

Agrawal, A.A. *Monarchs and Milkweed: A Migrating Butterfly, a Poisonous Plant, and Their Remarkable Story of Coevolution*. (Princeton University Press, 2017)

Aoki, T., S. Yamaguchi, and Y. Uemura. *Butterflies of the South East Asian Islands, Volume 3: Satyridae, Amathusiidae & Libytheidae*. (Plapac Co. Ltd, 1982)

Bascombe, M.J., G. Johnston, and F.S. Bascombe. *The Butterflies of Hong Kong*. (Academic Press, 1999)

Braby, M.E. *Butterflies of Australia: Their Identification, Biology and Distribution*. (CSIRO Publishing, 2000)

Brown, F.M. and B. Heineman. *Jamaica and Its Butterflies*. (E.W. Classey Limited, 1972)

Carson, R.L. *Silent Spring*. (Mariner Books Classics, 2022)

Clark, G.C., and C.G.C. Dickson. *Life Histories of the South African Lycaenid Butterflies*. (Purnell, 1971)

Corbet, A.S., H.M. Pendlebury, G.M. v.d. Poorten, and N.E. v.d. Poorten. *The Butterflies of the Malay Peninsula*. 5th Edition. (Malaysian Nature Society, 2020)

DeVries, P.J. *The Butterflies of Costa Rica and Their Natural History, Volume 1: Papilionidae, Pieridae, Nymphalidae*. (Princeton University Press, 1987)

DeVries, P.J. *The Butterflies of Costa Rica and Their Natural History, Volume 2: Riodinidae*. (Princeton University Press, 1997)

Eeles, P. *Life Cycles of British and Irish Butterflies*. (Pisces Publications, 2019)

Gallard, J.–Y. *Les Riodinidae de Guyane*. (Jean–Yves Gallard, 2017)

Hall, J.P.W.A. *Monograph of the Nymphidiina (Lepidoptera: Riodinidae: Nymphidiini) Phylogeny, Taxonomy, Biology, and Biogeography*. (Entomological Society of Washington, 2018)

Igarashi, S. and H. Fukuda. *The Life Histories of Asian Butterflies, Volume 1*. (Tokai University Press, 1997)

Igarashi, S. and H. Fukuda. *The Life Histories of Asian Butterflies, Volume 2*.(Tokai University Press, 2000)

James, D.G., Ed. *The Book of Caterpillars*. (The University of Chicago Press, 2017)

Kim, S.–S. and Y.–H. Ho. *Life Histories of Korean Butterflies*. (Sagyejŏl, 2012)

Larsen, T.B. *Butterflies of West Africa*. (Apollo Books, 2005)

Neild, A.F.E. *The Butterflies of Venezuela. Part 1: Nymphalidae I (Limenitidinae, Apaturinae, Charaxinae)*. (Meridian Publications, 1996)

Neild, A.F.E. *The Butterflies of Venezuela. Part 2: Nymphalidae II (Acraeinae, Libytheinae, Nymphalinae, Ithomiinae, Morphinae)*. (Meridian Publications, 2008)

Newland, D.E. *Discover Butterflies in Britain*. (WILDGuides Ltd, 2006)

Parsons, M. *The Butterflies of Papua New Guinea: Their Systematics and Biology*. (Academic Press, 1998)

Pennington, K.M., E.L.L. Pringle, G.A. Henning, and J.B. Ball. *Pennington's Butterflies of Southern Africa*. 2nd Edition. (Struik Winchester, 1994)

Pyle, R.M. *Chasing Monarchs: Migrating with the Butterflies of Passage*. (HoughtonMifflin Company, 1999)

Pyle, R.M. and C.C. LaBar. *Butterflies of the Pacific Northwest*. (Timber Press, 2018)

Quicke, D.L.J. *Mimicry, Crypsis, Masquerade and Other Adaptive Resemblances*. (Wiley Blackwell, 2017)

Ruxton, G.D., W.L. Allen, T.N. Sherratt, and M.P. Speed. *Avoiding Attack: The Evolutionary Ecology of Crypsis, Warning Signals, and Mimicry. 2nd Edition*. (Oxford University Press, 2018)

Samways, M.J. *Insect Conservation: A Global Synthesis*. (CABI, 2020)

Scott, J.A. *The Butterflies of North America: A Natural History and Field Guide*. (Stanford University Press, 1986)

Shirōzu, T. *The Butterflies of Japan in Color*. (Gakushū Kenkyūsha, 2006)

Tennent, J. *Butterflies of the Solomon Islands: Systematics and Biogeography*. (Storm Entomological Publications, 2002)

Tsukada, E. *Butterflies of the South East Asian Islands, Volume 4. Nymphalidae (1)*. (Plapac Co. Ltd., 1985)

Tsukada, E. *Butterflies of the South East Asian Islands, Volume 5: Nymphalidae (2)*. (Plapac Co. Ltd., 1991)

Tsukada, E. and Y. Nishiyama. *Butterflies of the South East Asian Islands, Volume 1: Papilionidae*. (Plapac Co. Ltd., 1982)

Williams, W. *The Language of Butterflies*.(Simon & Schuster, 2020)

Willmott, K.R. *The Genus Adelpha: Its Systematics, Biology and Biogeography (Lepidoptera: Nymphalidae: Limenitidini)*. (Scientific Publishers, 2003)

Xerces Society. *Gardening for Butterflies*.(Timber Press, 2016)

Yata, O. and K. Morishita. *Butterflies of the South East Asian Islands, Volume 2: Pieridae and Danaidae*. (Plapac Co. Ltd., 1985)

科学期刊

Cusser, S., N.M. Haddad, and S. Jha. "Unexpected functional complementarity from non−bee pollinators enhances cotton yield." *Agriculture, Ecosystems & Environment* 314: 107415 (2021)

Forister, M., C.A. Halsch, C.C. Nice, J.A. Fordyce, and T.E. Dilts. "Fewer butterflies seen by community scientists across the warming and drying landscapes of the American west." *Science* 371: 1042–1045 (2021)

Gilburn, A.S., N. Bunnefield, J.M.V. Wilson, and M.S. Botham. "Are neonicotinoid insecticides driving declines of widespread butterflies?" *PeerJ* 3e1402 (2015)

James, D.G., L. Seymour, and T.S. James. "Population biology and behavior of the imperiled Philotiella leona (Lycaenidae) in south central Oregon." *Journal of the Lepidopterists Society* 68: 264–273 (2014)

James, D.G., L. Seymour, G. Lauby, and K. Buckley. "Beauty with benefits: Butterfly conservation in Washington State, USA, wine grape vineyards." *Journal of Insect Conservation* 19: 341–348 (2015)

James, D.G. "Imidacloprid at a rate found in nectar reduces longevity but not oogenesis in Monarch butterflies, Danaus plexippus (L.). (Lepidoptera: Nymphalidae)." *Insects* 10: 276 (2019)

Kawahara, A.Y., C. Storer, A.P.S. Carvalho, D.M. Plotkin, F.L. Condamine, M.P. Braga ... and D.J. Lohman. "A global phylogeny of butterflies reveals their evolutionary history, ancestral hosts and biogeographic origins." *Nature Ecology & Evolution* 7: 903–913 (2023)

Lowe, T., R.J. Garwood, T.J. Simonsen, R.S. Bradley, and P.J. Withers. "Metamorphosis revealed: Time–lapse three–dimensional imaging inside a living chrysalis." *Journal of the Royal Society Interface* 10: 20130304 (2013)

Reppert, S.M. and J.C. de Roode. "Demystifying monarch migration." *Current Biology* 17: R1009–R1022 (2018)

Rodder, D., T. Schmitt, P. Gros, W. Ulrich, and J.C. Habel. "Climate change drives mountain butterflies towards the summits." *Scientific Reports* 11: 14382 (2021)

Ruttenberg, D.M., N.W. VanKuren, S. Nallu, S.–H. Yen, D. Peggie, D.J. Lohman, and M.R. Kronforst. "The evolution and genetics of sexually dimorphic 'dual' mimicry in the butterfly Elymnias hypermnestra." *Proceedings of the Royal Society* B 288: 20202192 (2021)

Talavera, G. and R. Vila. "Discovery of mass migration and breeding of the Painted Lady butterfly (Vanessa cardui) in the sub–Sahara: The Europe–Africa migration revisited." *Biological Journal of the Linnean Society* 120: 274–285 (2017)

Tsai, C.–C., R.A. Childers, N. Nan Shi, C. Ren, J.N. Pelaez, G.D. Bernard, N.E. Pierce, and N. Yu. "Physical and behavioral adaptations to prevent overheating of the living wings of butterflies." *Nature Communications* 11: 551 (2020)

致力于蝴蝶研究与保育的组织

英国蝴蝶保护协会　butterfly–conservation.org

南非蝴蝶保护协会　cbisa.co.za

欧洲蝴蝶保护组织　butterfly-conservation.org/in-your-area/european-butterflies-group

非洲鳞翅目昆虫协会　lepsocafrica.org

麦圭尔鳞翅目和生物多样性研究中心　floridamuseum.ufl.edu/mcguire

美国君主斑蝶观察站　monarchwatch.org

澳大利亚蝶类与蛾类保护组织　maba.org.au

北美蝴蝶协会　naba.org

美国鳞翅目协会　lepsoc.org

薛西斯无脊椎动物保护协会（美国）　xerces.org

网络资源

昆虫指南　bugguide.net

澳大利亚蝶类数据　butterflies.org.au

亚洲蝶类数据　butterfliesofasia.com

印度蝶类数据　ifoundbutterflies.org

北美蝶类数据　butterfliesofamerica.com

北美的蝶类与蛾类数据　butterfliesandmoths.org

西非的蝶类与蛾类数据　westafricanlepidoptera.com

蝴蝶多样性保护数据驱动项目　e–butterfly.org

自然主义者　inaturalist.org

了解蝴蝶　learnaboutbutterflies.com

欧洲和北非的蝶类与蛾类数据　leps.it

英国蝶类数据　ukbutterflies.co.uk

INDEX
索引

PICTURE CREDITS
图片版权信息

Alamy Photo Library: Aditya "Dicky" Singh P165; AGAMI Photo Agency P245; Andrew Waugh P116, 186–187; Arterra Picture Library P67; Avalon.red P110–111; Blickwinkel P7, 226下; C-images P11; D Guest Smith P158–159; Dave Watts P89; DEEPU SG P18上; Dembinsky Photo Associates / Skip Moody P126; Dinodia Photos P155; Dominic Robinson P159; Don Johnston_IH P32; Donna Ikenberry/Art Directors P95; Edward Parker P80; Fran Sanderson P261; Frank McClintock P224; George Grall P16; Ger Bosma P10; Gillian Pullinger P76–77; Hideo Kurihara P124–125; Ian Redding P118; imageBROKER P145, 265; Jeff March P201; Larry Doherty P229下; Louise Heusinkveld P208; Minden Pictures P49; Nature Picture Library P87; Nigel Cattlin P230; Paul Weston P47; Pictorial Press Ltd 5; Ramachandran A P99下; Rasmus Holmboe Dahl P260; Rick & Nora Bowers P254; Sandra Standbridge P262; Skip Moody/Dembinsky Photo Associates 203; Survivalphotos P83; Tina Scott P269
Creative Commons: Gayatri dutta CC BY-SA 4.0 P252; Sandipoutsider CC BY-SA 4.0 P133; Scott O' Neill CC BY-2.5 P234
Darlyne Murawski: P91
David Nunnalee: P122, 152
David G. James: P17, 18下, 20, 21, 23上, 24, 29, 30, 31, 33, 35, 36, 40, 42, 45, 51, 55, 59, 60, 61, 69, 70, 71, 74, 78, 79, 84, 85, 99, 101, 107, 109上, 121, 123, 127, 129, 130, 134, 135, 136, 138, 143, 149, 150–151, 154, 156, 157,161, 162, 163, 164, 167, 173, 175, 177, 179, 188, 189, 190, 191, 192, 206, 207, 209, 210, 211, 214, 215, 220, 222, 226上, 228, 229, 232, 232–233, 236, 237, 239, 259
David J. Lohman: P29, 66, 112, 113
Dreamstime: Jam Shahzad P257; Matee Nuserm P34; Melinda Fawver P217; Pnwnature P216
Flickr: Andrew Allen P273; Dennis Holmes P49; Mike Friel P63;Rob Santry P255; rsa_nature P106; Tim Worfolk P233右
Gan Cheong Weei: P175
Ian Riddle: P247
iStock: adamkaz P251; AlbyDeTweede P171; Bob Hilscher P223; Court Whelan P58; CreativeNature_nl P241; DeeWard P177; espy3008 P75; EstuaryPig P141; HeitiPaves P199; Ian_Redding P235; JillLang P224; kickers P62; marcouliana P15; MarekUsz P160; Martin Leber P23右; MikeLane P41, 117下; MirekKijewski P15; Musat P15; randimal P184左; rbiedermann P15; Robbie Ross P132; SHAWSHANK P22, 57; Sundry Photography P103左; Tanja_G P117上; williamhc P108; yhelfman 192
Dr Yi-Kai Tea: P58, 147
Linda Kappen: P231
Nanfang Yu: P131
Nature Picture Library: Ingo Arndt P168左; Jussi Murtosaari P77右, 102, 104; Matthew Maran P105; Nick Garbutt P64; Piotr Naskrecki P98
Panos Pictures/Field Museum of Natural History, Chicago P250
Sciencephoto Library: B.G. Thomson P37
Shutterstock: Anant Kasetsinsombut P125; Andi WG P75; Angela N Perryman P120; alslutsky P15; Amalia Gruber P28; Anton Kozyrev P14; catocala P3, 15; chanwangrong P65; Cosmin Manci P15; Dave Montreuil P119; Davide Bonora P166右; Ekky Ilham P100; Erin Donalson P163; Francisco Herrera P212; Freebird7977 P6; hisari45 P193; Jason Benz Bennee P197; Jennifer Miner P81; Jim Nelson P258; Julee75 P115右; Kendall Collett P195; Kirsanov Valeriy Vladimirovich P109下; Lara Bostock P153; Leena Robinson P44; Lioneska P263; monster_code P227; Dr Morley Read P75; Nicole Patience P166左; Peter Waters P14; Radka Palenikova P184右; Rene Bechard P139; Ritam - Dmitrii Melgunov P19下; Rob D the Pastry Chef P243; Ronald Caswell P114; SanderMeertinsPhotography P267; Sandra Caldwell P93; Sandra Standbridge P253; Sari ONeal P4, 257下; Scott F Smith P73; Seema Swami P215上; Sergio Ortiz P8–9; Stephan Morris P271; Stephanie Kindermann P169; Super Prin P15; Tommy Daynjer P213; Tony Mills P53; yhelfman P20右
Tanna Knouse: P82
The Royal Society: P41
Wikimedia Commons: böhringer friedrich 103右; Sharp Photography P19上, 247
William Piel and Antónia Monteiro: P203

本书所用地图系作者原图，物种的分布范围均为大致范围，仅供参考。

本书已尽力联系图片的版权所有者，并获得授权。出版商对以上列表中的任何错误或遗漏深表歉意，如有更正，将在重印时修改，敬请知悉。